Mechanik II

Braunschweiger Schriften zum Maschinenbau
Band 2

Georg-Peter Ostermeyer

Mechanik II

Stabilität
Kinematik und Kinetik
Schwingungen
Stoß

2. Auflage, 2007

Fakultät für Maschinenbau der Technischen Universität Braunschweig

Prof. Dr.-Ing. habil Georg-Peter Ostermeyer
Institut für Dynamik und Schwingungen, TU Braunschweig

Kontaktadresse:
Fakultät für Maschinenbau der TU Braunschweig
Geschäftsstelle
Schleinitzstraße 20
38106 Braunschweig
Tel. (05 31) 3 91-40 40
Fax (05 31) 3 91-40 44
fb-mb@tu-braunschweig.de
http://www.fmb.tu-bs.de/

ISBN 3-936148-52-x

© Fakultät für Maschinenbau der Technischen Universität Braunschweig, Braunschweig, 2007
Druck: Beyrich DigitalService, Braunschweig
Printed in Germany

Textsatzsystem: LaTeX 2_ε
Textschriften: European Computer Modern – Antiqua
Typographie der Reihe: Harald Harders
Satz dieses Bandes: Clemens Meier

Vorwort des Herausgebers

Sehr geehrte Leserin, sehr geehrter Leser,

es ist ein Vergnügen, als Ingenieur zu arbeiten! Kein anderer Beruf eröffnet ein breiteres Spektrum an Möglichkeiten. Leider ist der Weg zum Ingenieurberuf beschwerlich. Frei nach Erich Kästner raten wir Ihnen, sich aus den Steinen, die Ihnen in den Weg gelegt werden, etwas Schönes zu bauen: Nur wenige weitere Studienfächer erlauben es Ihnen wie die Technische Mechanik, frühzeitig studiert, Ihre gedanklichen, problemerfassenden, strukturierenden, abstrahierenden, synthesierenden etc. Fähigkeiten in so intensiver und klarer Form auszubauen. Von diesen Fähigkeiten werden Sie ein Leben lang profitieren — nicht nur im Beruf. Nutzen Sie Ihr Studium der Technischen Mechanik und die Lektüre dieses Buches also dazu! Genießen Sie den Moment, „wenn der Groschen fällt."

Wir machen Ihnen mit dem Konzept „Braunschweiger Schriften zum Maschinenbau" ein sehr anständiges Angebot, das in seiner Qualität und seinem Preis-Leistungsverhältnis seinesgleichen sucht.

Die Qualität dieses Buches wird nunmehr seit Jahren von den Studierenden unserer Fakultät als hervorragend bewertet, für uns Grund genug eine aktualisierte Auflage herauszugeben. Das Preis-Leistungsverhältnis unserer Schriftenreihe wird ausschließlich durch das Engagement der Mitarbeiterinnen und Mitarbeiter unserer Fakultät — seien es Dozenten, Nachwuchswissenschaftler oder Mitarbeiter aus Technik und Verwaltung — ermöglicht, denen hiermit für ihre Mithilfe gedankt sei.

Liebe Leserin, lieber Leser, es ist nun an Ihnen: Nutzen Sie effizient dieses Werk! Ganz im Sinne des innovativen Charakters unsere Schriftenreihe möchte ich Sie außerdem bitten, uns Ihrer Anmerkungen, Verbesserungsvorschläge etc. Teil haben zu lassen.

Ihr Martin Morgeneyer

Geschäftsführer der Fakultät für Maschinenbau und
Student der Technischen Mechanik II in 1995

Braunschweig, März 2007

Vorwort des Autors

Sehr geehrte Leserin, sehr geehrter Leser,

das vorliegende Arbeitsbuch ist als Skript zur 3 semestrigen Grundvorlesung Mechanik entstanden. Diese Vorlesung wurde von mir regelmäßig seit 1992 zunächst an der TU Berlin und ab 2000 an der TU Braunschweig gehalten.

Dem bei dem Aufbau dieser Kurse notwendigen, aber keinesfalls selbstverständlichen, weit überdurchschnittlichen Einsatz meiner ehemaligen Berliner Mitarbeiter Herrn Dipl.-Ing. Brandt, Herrn Dipl.-Ing. Demirkaya, Frau Dipl.-Math. Düring und Herrn Dipl.-Ing. Krumbein sowie insbesondere Herrn Dipl.-Ing. El-Natsheh, der mich von Berlin nach Braunschweig begleitet hat, danke ich sehr herzlich für Anregungen und Korrekturen.

Mein Dank gilt auch den Herren Clemens Meier und Felix Horch, die in unermüdlicher Kleinarbeit die Umsetzung des Skriptes in dieses Buchlayout realisiert haben.

Braunschweig, März 2002   Georg-Peter Ostermeyer

Inhaltsverzeichnis

Inhaltsverzeichnis

12 Der Eulersche Knickstab

Die Stabilität ist einer der zentralen Begriffe nicht nur in der Mechanik. Stabilität ist Ausdruck der Bemühung eines Ingenieurs, seine Produkte sicher zu gestalten auch unter Berücksichtigung von unvorhergesehenen Störungen. Es gibt sehr viele Stabilitätsbegriffe, hier betrachten wir nur die statische Stabilität eines Balkens gegenüber Knickung. Diese Ausführungen lehnen sich an Brommunt/Sachs an (siehe [2, Kapitel 1]).

12.1 Grundlagen der statischen Stabilität

Viele Systeme in der Mechanik werden ausgelegt nach Kriterien, die etwa maximale Lasten vorschreiben, die das betrachtete System verkraften muß. Die prinzipielle Schwierigkeit ist dabei immer, die in der Realität wirklich auftretenden Lasten richtig abzuschätzen.

Häufig kann es dabei auch vorkommen, daß das System diese maximalen Lasten zwar tragen kann, aber kleine zusätzliche Kräfte das Tragverhalten des Systems schlagartig ändern können. Diese Eigenschaft, gegenüber kleinen unvorhergesehenen Störungen im Betrieb mit unter Umständen katastrophalen Systemänderungen oder gar nicht zu reagieren, wird unter dem Begriff *Stabilität des Systems* untersucht.

Wir betrachten hier die *statische Stabilität* eines Systems. Diese statische Stabilität wird häufig illustriert mit einer schweren Kugel, die sich auf einer Unterlage abstützt. Störungen sind hier kleine horizontale Kräfte, die die Gleichgewichtslage des Systems verändern können.

Das System wird so ausgelegt, daß die Unterlage die Kugel hält, die Kugel also auch bei großen Gewichtskräften seine y–Koordinate nicht ändert.

9

Mit dieser Auslegung der Unterlage ist die Aufgabe des Ingenieurs noch nicht beendet. Die große Gewichtskraft zeigt zwar nur in die negative y–Richtung. Kleine Störungen im Betrieb könnten aber durchaus auch Komponenten in x–Richtung aufweisen. Ob die Kugel dann auch noch in der gewünschten Lage bleibt oder nicht, ist eine Systemeigenschaft, die man mit dem Begriff der Stabilität beschreibt.

Fall 1: Stabiles Gleichgewicht

Nach kleinen Störungen rollt die Kugel wieder in ihre Ausgangslage.

Bild 12.1. Stabiles Gleichgewicht

Fall 2: Indifferentes Gleichgewicht

Bei kleinen Störungen rollt die Kugel aus ihrer Ausgangslage. Sie bleibt an einem anderen Ort wieder liegen.

Bild 12.2. Indifferentes Gleichgewicht

Fall 3: Instabiles Gleichgewicht

Bei kleinen Störungen rollt die Kugel aus ihrer Ausgangslage. Sie entfernt sich dauerhaft von dieser Lage, da die kleinen Störungen die Kugel nicht mehr auf den Ausgangsplatz zurückbringen können.

Bild 12.3. Instabiles Gleichgewicht

Fall 4: Praktisch stabiles Gleichgewicht

Bei kleinen Störungen rollt die Kugel in ihre Ausgangslage zurück. Bei größeren Störungen verhält sich das System aber instabil.

Bild 12.4. Praktisch stabiles Gleichgewicht

Aus technischer Sicht sind die Fälle 1 und 3 wichtig. Für die Praxis interessiert natürlich die Aussage, ist die Lage eines Systems stabil oder nicht?

Der Fall 2 – indifferentes Gleichgewicht – läßt sich als Grenzfall zwischen stabilem und instabilem Gleichgewicht auffassen. Dieser Fall ist mathematisch recht einfach zu erfassen.

Der Fall 4 ist mathematisch schwierig zu beschreiben, ist aber das in der Natur häufigste Stabilitätsverhalten. Man denke hier etwa an ein Kartenhaus, das bei sehr kleinen Erschütterungen – wenn Sie eine neue Karte daraufsetzen – stehen bleibt, also stabil ist, aber bei etwas unvorsichtigen Bewegungen des Baumeisters in sich zusammenfällt, also instabil ist.

Der Fall 3 suggeriert, daß die Kugel, einmal durch Störungen angestoßen, bis ins Unendliche läuft. Dies ist nur eine gedankliche Abstraktion, in der Natur findet jedes instabile System wieder eine Gleichgewichtslage, die aber im allgemeinen für die technische Nutzung des Systems nicht mehr interessant ist. Das zusammengefallene Kartenhaus bleibt natürlich auf Ihrem Tisch liegen – es ist aber eben kein Kartenhaus mehr.

In Alarmanlagen findet dieser Fall eine technische Anwendung.

Die obigen Stabilitätsbegriffe gelten auch für bewegte, dynamische Systeme. Immer wenn es quietscht, rattert oder knallt, sind Änderungen des Stabilitätsverhaltens die Ursache. Ein dynamisches Beispiel für den Stabilitätsfall 4 können Sie mit einer Pendeluhr ausprobieren. Wenn das Pendel nicht schwingend in der Ruhelage hängt, dann ist die Uhr (oder das Pendel) ein praktisch stabiles System. Sehr kleine Störungen werden das Pendel zwar bewegen, aber es wird sehr schnell wieder in die Ruhelage zurückschwingen. Stoßen Sie das Pendel stärker an, so wird es anfangen zu schwingen, wie man es von einer Pendeluhr gewohnt ist.

12.2 Statische Stabilität von Feder-Stab-Systemen

Zur Einführung betrachten wir einen gelenkig gelagerten starren Stab, der durch eine Feder gehalten wird.

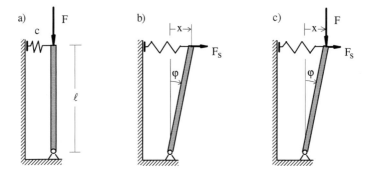

Bild 12.5. Feder-Stab-Systeme

Wenn eine große Kraft F in Stablängsrichtung wirkt, verschiebt sich der Lastangriffspunkt nicht (Bild 12.5a). Wenn eine kleine Störkraft F_s quer zur Stablängsachse angreift, wird der Kraftangriffspunkt um eine Strecke x verschoben, die von der Steifigkeit der Feder abhängt (Bild 12.5b).

Wenn nun zusätzlich zu der großen vertikalen Last F auch noch die Störkraft F_s in x–Richtung wirkt, wird der Stab ausgelenkt. Dadurch bewirkt aber F ein Moment um den unteren Lagerungspunkt des Stabes, welches die Störbewegung drastisch verstärken kann (Bild 12.5c).

Diese unter Umständen zerstörerische Wirkung der Kraft F kann man aber nur dann erkennen, wenn man die Auswirkung der Kraft F am verformten – d. h. ausgelenkten – System untersucht.

Offenbar langt es, wenn man nur sehr kleine Verformungen berücksichtigt. Für kleine Auslenkungen x in obigem Bild erhält man wegen

$$\sin \varphi = \varphi - \frac{\varphi^3}{3!} + \frac{\varphi^5}{5!} - \cdots \approx \varphi$$

$$\cos \varphi = 1 - \frac{\varphi^2}{2!} + \frac{\varphi^4}{4!} - \cdots \approx 1$$

offenbar die Näherung $x = \ell \sin \varphi \approx \ell \varphi$, wenn Glieder ab der Ordnung 2 unberücksichtigt bleiben. Da wir angenommen haben, daß x und damit auch φ klein ist, sind Terme mit x^2 bzw. φ^2 und höhere Potenzen dieser Größen noch sehr viel kleiner.

Anmerkung:

Ein solches Vorgehen, Glieder ab der Ordnung 2 nicht mehr zu berücksichtigen, nennt man in der Mechanik auch *Theorie zweiter Ordnung*.

Formal gibt es natürlich auch Theorien dritter Ordnung und höher. Eine Theorie dritter Ordnung wird sicher „genauer" sein als eine Theorie zweiter Ordnung. Sie kann aber in den resultierenden Gleichungen mehr Glieder haben und entsprechend aufwendiger zu lösen sein. Wenn man also einen bestimmten Effekt in der Mechanik berechnen will, muß man sich darüber im Klaren sein, bis zu welcher Ordnung ein System beschrieben werden muß, um eben diesen Effekt näherungsweise beschreiben zu können.

Sinnvoll ist eine solche Theorie zweiter Ordnung nur, wenn alle Teile des Systems mit dieser Genauigkeit beschrieben werden! Mathematisch läßt sich diese Vorgehensweise sauber mit der sogenannten *Störungsrechnung* begründen.

Für eine *Theorie erster Ordnung* gilt :

$$\sin \varphi \approx 0 \,, \quad \cos \varphi \approx 1 \,,$$

also für obiges Beispiel $x = 0$. Dies entspricht dem unverformten System. Wir haben bis jetzt in der Elastostatik immer mit unverformten Systemen gerechnet. Man denke etwa an die Stabwerke, wo die Kräfte am unverformten System angriffen, und wir mögliche Verformungen ausgerechnet haben, ohne die dabei resultierenden Kraftangriffspunktverschiebungen zu berücksichtigen! Die Elastostatik des letzten Semesters ist eine Theorie erster Ordnung. Stabilitätsuntersuchungen sind nur mit einer Theorie zweiter (oder höherer) Ordnung möglich!

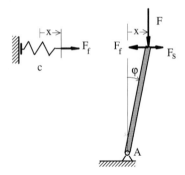

Bild 12.6. Ausgelenkter Stab unter vertikalem Krafteinfluß

Um die Wirkung der vertikalen Last F genauer zu untersuchen, wird im Sinne einer Theorie zweiter Ordnung das Gleichgewicht am verformten System betrachtet. Aus nebenstehendem Bild liest man

$$F_f = cx = c\,\ell\varphi$$

ab, worin c die Federsteifigkeit ist. Der Einfachheit halber ist die Feder über ein Gleitlager an der Wand befestigt und bewirkt darum nur Kraftkomponenten in x–Richtung.

Das Momentengleichgewicht um den Punkt A liefert:

$$\sum M^{(A)} = 0 : (F_f - F_s)\ell \cos\varphi - Fx = 0\,,$$

und im Sinne der Theorie zweiter Ordnung

$$(cx - F_s)\ell - Fx = 0\,.$$

Für die Auslenkung x findet man schließlich für dieses System:

$$x = \frac{F_s\ell}{c\,\ell - F}\,.$$

Diese Lösung ist sinnvoll nur, solange $F < c\,\ell$ gilt. Trägt man die Auslenkung x über der Kraft F auf, so wächst x über alle Grenzen, wenn F sich dem Wert $c\,\ell$ nähert, unabhängig davon, wie groß die Störkraft F_s ist.

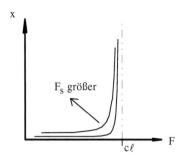

Bild 12.7. Auslenkung x über der Kraft F

Ist F genügend weit von dieser kritischen Grenze $c\ell$ entfernt, dann stellt sich bei kleinen Störungen F_s auch nur ein kleiner Wert x ein. Das System ist für solche Kräfte F stabil in dem Sinne, daß durch die Störkraft das System praktisch nicht verändert wird. Ist man aber mit der Last F in der Nähe des kritischen Wertes

$$c\ell,$$

dann kann x offenbar beliebig große Werte annehmen.

Unsere obige Rechnung gilt nur für kleine x. Die Rechnung zeigt aber auch, daß es eine sogenannte *kritische Last*

$$F_{\text{krit}} = c\ell$$

gibt, bei der der Stab ausknickt.

Üblicherweise wird die Rechnung zur Ermittlung solcher kritischen Lasten noch weiter vereinfacht, indem man die Störkräfte nicht mehr einfügt, sondern nur noch das Gleichgewicht am verformten System untersucht. Mit $F_s = 0$ liefert das Momentengleichgewicht um den Punkt A

$$(c\ell - F)x = 0.$$

Diese Gleichung sagt aus, daß x immer Null ist, solange $F < c\ell$ ist. Für $F = c\ell$ ist jeder Wert x eine Lösung der Gleichung. $F = c\ell$ ist die kritische Last des Systems.

Anmerkung:

Die Gleichung

$$(c\ell - F)x = 0.$$

15

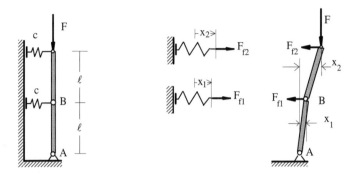

Bild 12.8. Zweistabsystem

beschreibt ein indifferentes Gleichgewicht für $F = F_{\text{krit}}$. Die Art des Gleichgewichts ist eine Folge der Näherung durch eine Theorie (nur) zweiter Ordnung. Mit einer Theorie zweiter Ordnung können kritische Belastungen berechnet werden, d. h. Belastungen, für die ausgelenkte Gleichgewichtslagen existieren. Die tatsächlichen Gleichgewichtslagen und ihre Stabilität kann man nur mit einer Theorie höherer Ordnung bestimmen.

Aus mathematischer Sicht ist diese Gleichung ein Eigenwertproblem der Form

$$A(\lambda)x = 0$$

mit

$$\lambda = F_{\text{krit}}\,.$$

Als Beispiel für die Stabilitätsuntersuchung eines komplexeren Systemes sei das in Abbildung 12.8 skizzierte Zweistabsystem untersucht.
Wie groß ist die kritische Last F_{krit} für dieses System?

Dazu wird das Gleichgewicht am verformten System betrachtet. Das Momentengleichgewicht für beide Stäbe um den Punkt A liefert

$$\sum M^{(A)} = 0 \;:\; F_{f1}\,\ell + 2F_{f2}\,\ell - Fx_2 = 0\,,$$

und das Momentengleichgewicht um Punkt B für den oberen Stab ergibt

$$\sum M^{(B)} = 0 \;:\; F_{f2}\ell - F(x_2 - x_1) = 0\,.$$

Mit den Federkräften $F_{f1} = cx_1$ und $F_{f2} = cx_2$ führen die Gleichungen auf

$$c\,\ell x_1 + (2c\,\ell - F)x_2 = 0\,,$$

$Fx_1 + (c\ell - F)x_2 = 0$.

Sie bilden ein lineares homogenes Gleichungssystem für die Variablen x_1 und x_2:

$$\begin{pmatrix} c\ell & 2c\ell - F \\ F & c\ell - F \end{pmatrix} \begin{pmatrix} x_1 \\ x_2 \end{pmatrix} = \begin{pmatrix} 0 \\ 0 \end{pmatrix}.$$

Die kritische Last F_{krit} ist die Größe F, für die eine von der Ausgangslage verschiedene Gleichgewichtslage möglich ist, d. h. das lineare Gleichungssystem besitzt nichttriviale Lösungen $x_1 \neq 0$ oder $x_2 \neq 0$. Wenn die Determinante des Gleichungssystems ungleich Null ist, läßt das System nur die triviale Lösung zu. Der gesuchte Wert F ist gerade dadurch charakterisiert, daß die Determinante gleich Null ist. Diese Bestimmungsgleichung für F nennt man auch charakteristische Gleichung:

$$\det \begin{bmatrix} c\ell & 2c\ell - F \\ F & c\ell - F \end{bmatrix} = F^2 - 3c\ell F + (c\ell)^2 = 0.$$

Die Lösungen

$$F_{1,2} = \left(1{,}5 \pm \sqrt{1{,}25} \right) c\ell$$

sind die Eigenwerte:

$$F_1 = 0{,}38c\,\ell\ell \qquad\qquad F_2 = 2{,}62c\,\ell\ell$$

Um das Auftreten von zwei kritischen Lasten näher zu beleuchten, seien die zu den Eigenwerten gehörigen Eigenformen berechnet:

$$F_1 : \begin{pmatrix} x_1 \\ x_2 \end{pmatrix} = \text{const.}_1 \begin{pmatrix} -0{,}85 \\ 0{,}53 \end{pmatrix}, \quad F_2 : \begin{pmatrix} x_1 \\ x_2 \end{pmatrix} = \text{const.}_2 \begin{pmatrix} 0{,}53 \\ 0{,}85 \end{pmatrix}.$$

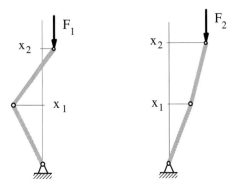

Bild 12.9. Knickeigenformen

Die Eigenvektoren zeigen die sogenannten *Knickeigenformen*, in die sich das Stabsystem bei den unterschiedlichen kritischen Lasten bewegen würde. Wenn also die Störkräfte fehlen, um das Stabsystem bei Kräften $F = F_1$ in die erste Eigenform zu drücken, würde das System erst bei Lasten um $F = F_2$ versagen und in die zweite Eigenform fallen.

Man muß also damit rechnen, daß technische Systeme tatsächlich unter Umständen viele kritische Lasten haben können. Wenn man nichts über mögliche Störkräfte weiß, ist die kleinste kritische Last die entscheidende Grenzlast im System!

Die gesuchte kritische Last ist also hier der kleinere Eigenwert:

$$F_{\text{krit}} = 0{,}38c\,\ell\,.$$

Anmerkung:

Wenn man das obige Stabsystem mit z. B. fünf statt zwei Stäben formuliert hätte, würde man auch fünf kritische Lasten und fünf jeweils zugehörige Eigenformen berechnen.

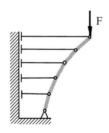

Bild 12.10. Knickeigenformen für ein System mit fünf Stäben

Das zugehörige Eigenwertproblem wäre wieder ein lineares homogenes Gleichungssystem, allerdings mit einer 5×5 Matrix.

Ein elastischer Balken läßt sich auffassen als ein Stabsystem mit jeweils differenziell kleinen starren Stäben. Ein solches System müßte dann ein lineares Gleichungssystem der Ordnung unendlich ergeben.

Wie der folgende Abschnitt zeigen wird, erhält man tatsächlich unendlich viele Eigenwerte und zugehörige Eigenformen.

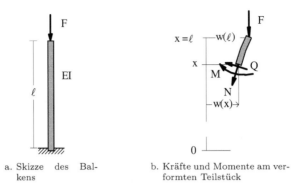

a. Skizze des Balkens

b. Kräfte und Momente am verformten Teilstück

Bild 12.11. Balken mit der Biegesteifigkeit EI

12.3 Der Eulersche Knickstab

Für technische Belange ist die Frage nach kritischen (Druck-)Lasten bei Biegebalken relevant.

Gegeben sei ein wie in Abbildung 12.11 skizzierter Balken mit der Biegesteifigkeit EI. Er sei am unteren Ende fest eingespannt. Die Dehnsteifigkeit des Balkens werde vernachlässigt.

Wie groß ist die kritische Last?

Dazu muß das System im verformten Zustand untersucht werden. Mit den Schnitt- und Koordinatenkonventionen der Elastostatik findet man für das Momentengleichgewicht am Schnittufer bei x

$$M(x) = -F(w(\ell) - w(x))\,.$$

Für die Biegung gilt

$$M(x) = -EIw''(x)\,.$$

Somit hat man die Differentialgleichung

$$EIw''(x) + Fw(x) = Fw(\ell)$$

gewonnen.

Anmerkung:

Die Biegedifferentialgleichung

$$M(x) = -EIw''(x)$$

ist eine Theorie zweiter Ordnung. Man vergleiche die Ableitung dieser Beziehung in [2, Kapitel 10].

Die allgemeine Lösung der Differentialgleichung ist

$$w(x) = A\sin(\lambda x) + B\cos(\lambda x) + w(\ell)\,, \quad \lambda = \sqrt{\frac{F}{EI}}\,,$$

wie man durch Einsetzen bestätigen kann. Die freien Konstanten A und B müssen so gewählt werden, daß die Randbedingungen des Beispiels erfüllt sind.

$$w(0) = 0 : \qquad B + w(\ell) = 0 \quad \longrightarrow \quad B = -w(\ell)\,,$$
$$w'(0) = 0 : \qquad A\ell = 0 \quad \longrightarrow \quad A = 0\,.$$

Die Lösung für den oben skizzierten Balken ist also

$$w(x) = w(\ell)(1 - \cos(\lambda x))\,.$$

Die Frage nach der kritischen Last des Balkens gemäß den Stabbeispielen ist die Frage nach der kleinsten Last F, für die w(ℓ) ungleich Null werden kann. Setzt man $x = \ell$ in die Lösung ein, so erhält man die Aussage

$$w(\ell)\cos(\lambda\ell) = 0\,.$$

Dies ist wieder ein Eigenwertproblem! Man nennt diese Gleichung auch *Knickbedingung*. Es besitzt unendlich viele Eigenwerte

$$\lambda\ell = \sqrt{\frac{F}{EI}}\,\ell = \pm\frac{\pi}{2}\,, \pm\frac{3\pi}{2}\,, \pm\frac{5\pi}{2}\,, \ldots$$

für die Lösungen $w(\ell) \neq 0$ möglich sind. Die gesuchte kritische Last F_{krit} ist durch den kleinsten positiven Eigenwert gegeben

$$F_{\mathrm{krit}} = \frac{\pi^2}{4}\frac{EI}{\ell^2}\,.$$

Die zugehörige Eigenform $w = w(x) = w(\ell)(1 - \cos(\lambda x))$ beschreibt die Knicklinie des Balkens, über dessen Stabilitätsverhalten wir weiter keine Aussagen machen können.

Aufgabe:

Gegeben sei ein in Abbildung 12.12 dargestellter Lastwagen mit einer hydraulischen Kippvorrichtung.

Der hydraulische Teleskopzylinder werde vereinfachend als Balken mit einer Biegesteifigkeit EI und einer Arbeitslänge ℓ modelliert, der an beiden Enden gelenkig gelagert ist. Wie groß ist die kritische Last ?

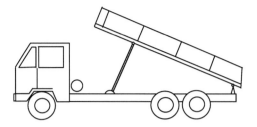

Bild 12.12. Lastwagen mit einer hydraulischen Kippvorrichtung

Lösung:

Mit der angegebenen Idealisierung ist der Knickstab oben gelenkig an einem verschieblichen Lager und unten an einem Festlager gelenkig verbunden.

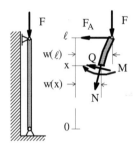

Das Schnittbild enthält die Lagerkraft F_A, die so bestimmt werden muß, daß die Auslenkung am oberen Ende immer gleich Null ist.

Das Momentengleichgewicht liefert

$$M(x) = -F(w(\ell) - w(x)) + F_A(\ell - x)$$

bzw.

$$EIw''(x) + Fw(x) = Fw(\ell) - F_A(\ell - x).$$

Die allgemeine Lösung ist

$$w(x) = A\cos(\lambda x) + B\sin(\lambda x) + w(\ell) - \frac{F_A(\ell - x)}{F}$$

Die Unbekannten bestimmen sich aus den Randbedingungen

$$w(0) = 0 : \qquad A = \ell\frac{F_A}{F} - w(\ell),$$

$$w(\ell) = 0 : \qquad 0 = A\cos(\lambda\ell) + B\sin(\lambda\ell),$$

$$M(0) = 0 : \qquad 0 = F_A.$$

Bevor hier nun die kritische Last berechnet wird, seien einige Bemerkungen zu der Differentialgleichung und ihrer Lösung angefügt. Differenziert man die Differentialgleichung

$$EIw''(x) + Fw(x) = Fw(\ell) - F_A(\ell x)$$

zweimal nach x, so erhält man

$$(EIw''(x))'' + Fw''(x) = 0 \,.$$

Ist die Biegesteifigkeit konstant, so wird hieraus die sogenannte *Eulersche Differentialgleichung*

$$EIw''''(x) + Fw''(x) = 0 \,.$$

Die allgemeine Lösung ist mit $\ell^2 = \frac{F}{EI}$

$$w(x) = A\cos(\lambda x) + B\sin(\lambda x) + C\,\ell x + D \,.$$

Die vier Konstanten A, B, C, D sind aus den Randbedingungen des verformten Systems zu berechnen, wobei nur die äußeren Kräfte ihre Richtung beibehalten (Theorie 2. Ordnung).

Die Form der Differentialgleichung $EIw''''(x) + Fw''(x) = 0$ ist linear und homogen. Da bei einem Knickstab, an dem nur Einzelkräfte wirken, durch das Momentengleichgewicht um x die Kräfte immer nur Hebelarme der Form $(w(x) - w(\ell))$ oder $(x - \text{const.})$ besitzen, führt bei allen Knickstäben mit Einzelkräften das Gleichgewicht nach entsprechender Differentiation auf die oben genannte Form

$$EI\,w''''(x) + Fw''(x) = 0 \,.$$

Die allgemeine Lösung enthält vier Konstanten, die wie bei der Berechnung der Biegung durch vier Randbedingungen bestimmt werden.

Anmerkung:

Die Eulersche Differentialgleichung

$$w''''(x) + \lambda^2 w''(x) = 0 \quad \text{mit} \quad \lambda^2 = \frac{F}{EI}$$

kann man direkt herleiten, wenn man das Gleichgewicht eines kleinen Stückchens der Länge Δx des ausgelenkten Balkens betrachtet und die Schnittkräfte und -momente auf beiden Ufern anträgt (z. B. $M(x)$ auf der einen Seite und $M(x + \Delta x)$ auf der anderen Seite). Nach Division durch Δx erhält man drei Differentialgleichungen, die ineinander eingesetzt die obige Differentialgleichung liefern. Sie sollten diese Ableitung mal selbst versuchen (oder in der Literatur nachsehen).

Lösung:

Mit Hilfe der Eulerschen Differentialgleichung und seiner allgemeinen Lösung vereinfacht sich die Berechnung der kritischen Last.

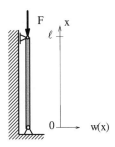

Die Lösung der Eulerschen Differentialgleichung ist mit $\lambda^2 = \frac{F}{EI}$

$$w(x) = A\cos(\lambda x) + B\sin(\lambda x) + C\lambda x + D.$$

Die Randbedingungen sind:

$$w(0) = 0 \quad\longrightarrow\quad 0 = A + D,$$

$$w(\ell) = 0 \quad\longrightarrow\quad 0 = A\cos(\lambda\ell) + B\sin(\lambda\ell) + C\lambda\ell + D,$$

$$M(0) = 0 \quad\longrightarrow\quad 0 = w''(0):$$

$$0 = -A\ell^2,$$

$$M(\ell) = 0 \quad\longrightarrow\quad 0 = w''(\ell):$$

$$0 = -A\ell^2\cos(\lambda\ell) - B\ell^2\sin(\lambda\ell).$$

Für die Unbekannten erhält man damit die Lösung

$$A = 0, \qquad D = 0, \qquad C = -B\frac{\sin(\lambda\ell)}{(\lambda\ell)},$$

Für B hat man die Knickbedingung

$$B\lambda^2\sin(\lambda\ell) = 0.$$

Lösungen ungleich der Nullösung sind also nur möglich für

$$\lambda\ell = \pm p, \ \pm 2p, \ \pm 3p, \ \ldots$$

Die gesuchte kritische Last ist durch den kleinsten positiven Eigenwert gegeben:

$$F_{\text{krit}} = \frac{\pi^2 EI}{\ell^2}.$$

Die in der Praxis häufigsten Fälle sind in Tabellenwerken aufgelistet. Die in der Literatur als Euler-Knickstäbe bezeichneten Fälle sind hier skizziert:

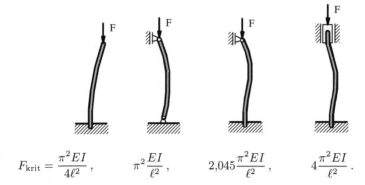

$$F_{\text{krit}} = \frac{\pi^2 EI}{4\ell^2}\,, \qquad \pi^2\frac{EI}{\ell^2}\,, \qquad 2{,}045\frac{\pi^2 EI}{\ell^2}\,, \qquad 4\frac{\pi^2 EI}{\ell^2}\,.$$

Man erkennt an den Knickformen, daß sich die Lastfälle 1,2 und 4 ineinander überführen lassen. So ist z. B. die Viertelsinuswelle des 1. Eulerfalles in der Halbsinuswelle des 2. Eulerfalles gerade zweimal enthalten. Ersetzt man in der Knicklast für den Fall 2 die Länge ℓ durch 2ℓ, so erhält man die Knicklast für den Eulerfall 1. Man kann daher durch Einführen sogenannter Knicklängen ℓ_k die kritischen Lasten der vier Eulerfälle in der Form

$$F_{\text{krit}} = \pi^2\frac{EI}{\ell_k^2}$$

mit

$$\ell_1 = 2\,\ell\,, \qquad \ell_2 = \ell\,, \qquad \ell_3 = \frac{1}{\sqrt{2{,}045}}\ell\,, \qquad \ell_4 = 0{,}5\,\ell$$

schreiben.

Konstruktionen werden in der Regel nur dann als tragfähig angesehen, wenn die aufgebrachte Last kleiner als die kritische Belastung ist. Im allgemeinen wird sogar die sogenannte *Knicksicherheit*

$$\nu = \frac{F_{\text{krit}}}{F_{\text{vorh.}}} > 1$$

größer gewählt als die übrigen Sicherheitsbeiwerte (z. B. $\nu = 2 \ldots 5$).

Anmerkung:

Mit dem kleinsten Eigenwert wurde die kritische Last berechnet, ab der das System versagen kann. Die Knickformen geben einen

Anhaltspunkt, in welcher Form der Balken ausknickt. Ob der Balken im ausgeknickten Zustand stabil ist oder nicht, kann man mit der Theorie zweiter Ordnung nicht nachweisen.

Eine zweidimensionale Form des Ausknickens ist das sogenannte Beulen (z. B. bei Platten und Schalen). Nicht immer ist das Ausknicken oder Beulen reversibel, das heißt beim Ausknicken erfährt das System eine im allgemeinen plastische Verformung, die nicht wieder zurückspringt, wenn die Last vom System genommen wird. Denken Sie etwa an einen Strohhalm, der in Längsrichtung mit einer kleinen Last reversibel ausknickt, bei größeren Lasten aber im wahrsten Sinne des Wortes einen Knick bekommt, den Sie nicht mehr herausbekommen. Dasselbe passiert auch, wenn Sie fest auf eine Coca-Cola-Dose drücken. Die Beulen verschwinden nicht mehr.

Aus der Erfahrung wissen Sie, daß die sich tatsächlich einstellenden Knickformen wieder stabil sind. Dies wird technisch zum Beispiel in jedem mechanischen Lichtschalter genutzt.

Ein Fernsehturm darf aus technischen Gründen natürlich nie über die erste Knicklast hinaus konstruiert werden. Die Natur aber baut Tragwerke, die weit über die erste Knicklast hinaus belastet werden können.

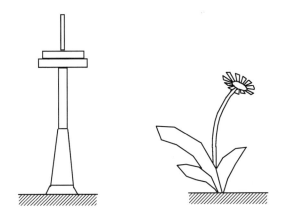

Repetitorium IV

In diesem Repetitorium sind exemplarische Aufgaben zu dem Kapitel 12 angegeben. Diese Aufgaben sind teilweise Fragen. Soweit die Aufgaben Rechnungen enthalten, sind diese als Lösung mit angegeben.
Rechnen Sie die Aufgaben durch. Üben Sie das Sprechen beim Beantworten der Fragen. Überlegen Sie sich andere Aufgaben, z. B. was passiert, wenn man die Größe „sowieso" ändert?

Fragen :

- Welche Gleichgewichtsarten kennen Sie?
- Was ist „Theorie 1. Ordnung" und was ist „Theorie 2. Ordnung"? Was kann man damit berechnen?
- Was versteht man unter einer kritischen Last?
- Was ist ein Eulerscher Knickstab?
- Wie lautet die Eulersche Differentialgleichung? Wie bestimmt man daraus die kritische Last?
- Was ist die Knickbedingung?
- Was ist die Knicksicherheit?

Aufgaben:

Aufgabe IV.1   Knickbedingung

Ein einseitig eingespannter elastische Stab ist an dem Punkt B federnd gelagert (Federkonstante c). Es ist die Knickbedingung zu bestimmen.

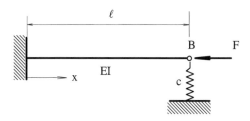

Repetitorium IV

Gegeben: ℓ, EI, c, F

Lösung IV.1

Die Eulersche Differentialgleichung

$$EIw''''(x) + \lambda^2 w''(x) = 0$$

kann hier angewendet werden, da es sich um einen elastischen Stab handelt, der durch Einzelkräfte auf Druck belastet wird. Die allgemeine Lösung lautet

$$w(x) = A\cos\lambda x + B\sin\lambda x + C\lambda x + D\,.$$

Die Ableitungen nach der Variablen x sind:

$$w'(x) = -A\lambda\sin\lambda x + B\lambda\cos\lambda x + C\lambda$$

$$w''(x) = -A\lambda^2\cos\lambda x - B\lambda^2\sin\lambda x = -\frac{1}{EI}M(x)$$

$$w'''(x) = A\lambda^3\sin\lambda x - B\lambda^3\cos\lambda x = -\frac{1}{EI}Q(x)$$

Die vier Konstanten der allgemeinen Lösung bestimmt man aus den Randbedingungen des verformten Systems (Theorie zweiter Ordnung):

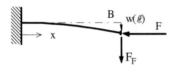

Die Randbedingungen sind

$$w(0) = 0\,, \qquad\qquad\qquad w'(0) = 0\,,$$

$$Q(\ell) = F_F + Fw'(\ell) = -cw(\ell) + Fw'(\ell)\,,$$

$$M(\ell) = 0\,.$$

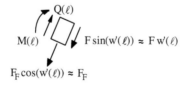

Konstantenbestimmung:

$$A + D = 0 \quad\Rightarrow\quad D = -A$$

$$B + C = 0 \quad\Rightarrow\quad C = -B$$

$$A\lambda^3\sin\lambda\ell - B\lambda^3\cos\lambda\ell = \frac{1}{EI}(-cw(\ell) + Fw'(\ell))$$

$$A\lambda^2 \cos\lambda\ell - B\lambda^2 \sin\lambda\ell = 0 \quad \Rightarrow \quad A\cos\lambda\ell + B\sin\lambda\ell = 0$$

Die Gleichungen liefern

$$\frac{c}{EI}\lambda\ell B - \frac{c}{EI}B\tan\lambda\ell - B\lambda^3 = 0 \,.$$

Da nur der Fall $B \neq 0$ interessant ist, erhält somit die Knickbedingung

$$\lambda\ell - \frac{EI}{c\ell^3}(\lambda\ell)^3 = \tan\lambda\ell \,.$$

Bestimmt man nun grafisch oder numerisch den kleinsten Wert für $\lambda\ell$, der die Knickbedingung erfüllt, so ergibt sich die kritische Last aus

$$F_{\text{krit}} = EI\lambda^2 \,.$$

Aufgabe IV.2 Tragbalken

Ein starrer Balken der Länge 3ℓ wird wie skizziert durch eine konstante Streckenlast q_0 und eine Kraft $F = 2q_0\ell$ und durch 4 Stäbe mit gleichen Elastizitätsmodul E und gleicher Länge ℓ gestützt.

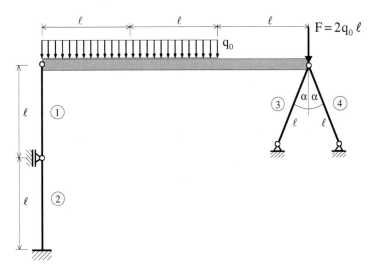

Man bestimme:

a) die Stabkräfte S_1, S_2, S_3, S_4,

b) die kritischen Lasten $F_{\text{krit}1}$, $F_{\text{krit}2}$, $F_{\text{krit}3}$, $F_{\text{krit}4}$ und

c) die Flächenträgheitsmomente I_1, I_2, I_3, I_4 so, daß für alle 4 Stäbe die Knicksicherheit $\nu = 6$ beträgt.

Gegeben: ℓ, α, E, q_0

Lösung IV.2

a) Die Stabkräfte berechnen sich aus den Gleichgewichtsbedingungen. Freischneiden des Balkens liefert:

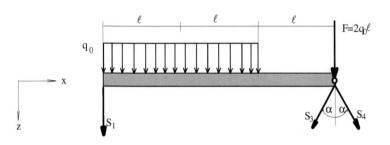

$$\sum F_x = 0 = -S_3 \sin\alpha + S_4 \sin\alpha \Rightarrow S_3 = S_4$$

$$\sum F_z = 0 = 2q_0\ell + F + S_1 + 2S_3 \cos\alpha$$

$$\sum M^{(B)} = 0 = 4q_0\ell^2 + 3\ell S_1$$

$$\Rightarrow \quad S_1 = -\frac{4}{3}q_0\ell\,,$$

$$S_3 = S_4 = -\frac{4}{3}\frac{q_0\ell}{\cos\alpha}$$

Freischnitt am Gelenk C liefert:

$$\sum F_z = 0 = -S_1 + S_2 \Rightarrow S_2 = -\frac{4}{3}q_0\ell$$

b) siehe Tabelle 12.1

Tabelle 12.1.

Stab	Eulerfall	Kritische Last
1	2	$\dfrac{\pi^2 EI_1}{\ell^2}$
2	3	$2{,}04\dfrac{\pi^2 EI_2}{\ell^2}$
3	2	$\dfrac{\pi^2 EI_3}{\ell^2}$
4	2	$\dfrac{\pi^2 EI_4}{\ell^2}$

c) Für die Knicksicherheit soll gelten

$$\nu = \frac{F_{\text{krit}}}{F_{\text{vorh}}} = 6 \,.$$

Die Flächenträgheitsmomente berechnen sich wie z. B. für Stab 1 mit

$$\nu = \frac{\pi^2 EI_1}{\ell^2 \frac{4}{3} q_0 \ell} = 6$$

zu

$$I_1 = \frac{8 q_0 \ell^3}{\pi^2 E} \,, \qquad\qquad I_2 = \frac{8 q_0 \ell^3}{2{,}04 \pi^2 E} \,,$$

$$I_3 = \frac{8 q_0 \ell^3}{\pi^2 E \cos \alpha} \,, \qquad\qquad I_4 = \frac{8 q_0 \ell^3}{\pi^2 E \cos \alpha} \,.$$

13   Kinematik eines Massenpunktes

In diesem Kapitel wird die Bahn eines Massenpunktes untersucht. Unterschiedliche Beschreibungsformen in unterschiedlichen Koordinatensystemen gehören zum Handwerkzeug der Mechanik. Die hier angesprochenen Grundlagen sind wesentlich für alle folgenden Abschnitte!
Ein Massenpunkt ist eine Idealisierung eines starren Körpers, dessen Abmaße gegenüber seiner Bahn so klein sind, daß er als mathematischer Punkt behandelt werden kann. Daraus folgt auch, daß Drehungen um seine Achsen für die anstehenden Untersuchungen keine Rolle spielen. Ein Massenpunkt im Raum hat nur drei Freiheitsgrade.

13.0   Zur Einteilung der Mechanik

Die Mechanik läßt sich nach folgenden Disziplinen einteilen (siehe [2]):

- **Kinematik**
  Die Kinematik untersucht die Geometrie der Bewegung von Körpern.
- **Dynamik**
  Die Dynamik untersucht die Wechselwirkungen von Kräften und Geometrie der Bewegung. Die Dynamik läßt sich nochmals einteilen in die folgenden Disziplinen:

  - **Statik**
    In der Statik werden Kraftgleichgewichte an ruhenden Körpern untersucht. Statik wird seit der Antike betrieben.
  - **Kinetik**
    Die Kinetik untersucht die Bewegung von Körpern aufgrund von Kräften, die an diesen Körpern angreifen.
    Die Kinetik in ihrer modernen Form wurde von Galilei (1564–1642, bekannt durch seine Fallgesetze und das nach ihm benannte Trägheitsgesetz) und insbesondere durch Newton (1643–1727) entwickelt. Newton faßte alle Erfahrungen der damaligen Zeit in drei axiomatischen Gesetzen zusammen, die heute noch in unveränderter Form als Newtonsche Grundgesetze Ausgangspunkt der Kinetik sind.

In den nachfolgenden Kapiteln wird zunächst die Kinematik und Dynamik eines Massenpunktes untersucht. Insbesondere werden hier auch Lösungshilfen wie der Arbeitssatz oder Energiesatz exemplarisch erläutert.

Danach werden Massenpunktsysteme betrachtet und anschließend starre Körper. Damit läßt sich die Dynamik sogenannter allgemeiner Mehrkörpersysteme vollständig beschreiben.

Spezielle dynamische Vorgänge wie Stoß oder Schwingungen mit einem oder mehreren Freiheitsgraden werden am Ende des Semesters untersucht.

13.1 Ort, Geschwindigkeit und Beschleunigung

Im dreidimensionalen Raum sei ein Punkt P gegeben. Außerdem sei in diesem Raum eine Basis gegeben. Mit der aus der Vektorrechnung (siehe [2, Kapitel 2]) bekannten Notation kann der Punkt P vermessen werden. Ein solches Basissystem wird auch *Bezugssystem* genannt.

Ist das Bezugssystem ein kartesisches Koordinatensystem (Orthonormalbasis) mit den Basisvektoren $\mathbf{e}_x$, $\mathbf{e}_y$, $\mathbf{e}_z$, so wird der Ort des Punktes P durch den Vektor $\mathbf{r}$ beschrieben.

$$\mathbf{r} = r_x\mathbf{e}_x + r_y\mathbf{e}_y + r_z\mathbf{e}_z$$
$$= (r_x, r_y, r_z) \begin{pmatrix} \mathbf{e}_x \\ \mathbf{e}_y \\ \mathbf{e}_z \end{pmatrix}$$

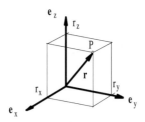

Die für die Ortsbeschreibung notwendigen drei Angaben r_x, r_y, r_z sind Ausdruck der Tatsache, daß der Punkt 3 Freiheitsgrade besitzt.

Wenn nun im Laufe der Zeit der Punkt seinen Ort verläßt, verändert sich in der Zeit auch der zugehörige Ortsvektor. Dieser ist eine Funktion der Zeit

$$\mathbf{r} = \mathbf{r}(t).$$

Wenn man annimmt, daß das Bezugssystem sich mit der Zeit nicht ändert, dann sind die Basisvektoren keine Funktion der Zeit. Nur die Koeffizienten des Vektors **r** hängen von der Zeit ab. Solch ein Bezugssystem heißt *Inertialsystem*. (Später werden wir zusätzlich noch fordern, daß der Ursprung eines Inertialsystems sich höchstens mit konstanter Geschwindigkeit zu einem anderen Inertialsystem bewegen darf.)

$$\mathbf{r} = r_x(t)\mathbf{e}_x + r_y(t)\mathbf{e}_y + r_z(t)\mathbf{e}_z$$

$$= (r_x(t),\, r_y(t),\, r_z(t)) \begin{pmatrix} \mathbf{e}_x \\ \mathbf{e}_y \\ \mathbf{e}_z \end{pmatrix}$$

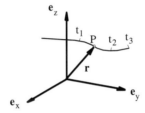

Bild 13.1. Vektor **r** als Funktion der Zeit

Man nennt $\mathbf{r} = \{\mathbf{r}(t) : t \in \mathsf{R}\}$ die *Bahn* oder auch *Bahnkurve* des Punktes P. Die Dimensionder Koeffizienten des Ortsvektors sind *Längen*, ihre Einheit das Meter [m]. Wenn alle Koeffizienten eines Vektors die gleiche Dimension haben, sagt man auch kurz, der Vektor hat die Dimension einer Länge.

Die Bahn ist eine in t parametrisierte Kurve. Bestimmte Zeitpunkte lassen sich auf der Bahnkurve kennzeichnen. Man bekommt so eine erste Vorstellung davon, wann sich der Punkt wo befindet.

Diese Vorstellung läßt sich präzisieren mit dem Begriff *Geschwindigkeit* des Punktes auf seiner Bahn.

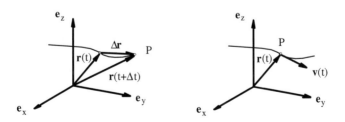

35

Die Geschwindigkeit **v** ist definiert als der Grenzwert

$$\mathbf{v} = \lim_{\Delta t \to 0} \frac{\mathbf{r}(t + \Delta t) - \mathbf{r}(t)}{\Delta t} = \lim_{\Delta t \to 0} \frac{\Delta \mathbf{r}}{\Delta t} = \frac{d\mathbf{r}}{dt} = \dot{\mathbf{r}}.$$

Die Geschwindigkeit ist ein Vektor, der zur Zeit t tangential an der Bahnkurve im Punkt $\mathbf{r}(t)$ anliegt. Die Dimension von $\mathbf{v} = \mathbf{v}(t)$ ist $\frac{\text{Länge}}{\text{Zeit}}$ mit der Einheit $\left[\frac{m}{s}\right]$.

Die Geschwindigkeit gibt die momentane Richtung der Bewegung des Punktes, der Betrag des Vektors ist ein Maß für die tatsächliche Geschwindigkeit des Punktes auf der Bahn. Man bezeichnet die Norm des Geschwindigkeitsvektors

$$\|\mathbf{v}\| = v = \dot{s}$$

als *Bahngeschwindigkeit*. Das Tachometer Ihres Autos zeigt Ihnen zum Beispiel immer die Bahngeschwindigkeit v an, unabhängig davon, ob Sie nun mit Ihrem Wagen Kurven fahren oder nicht.

Dieses Autobeispiel zeigt auch, das es offenbar wichtig ist, auch die Änderung des Geschwindigkeitsvektors zu beschreiben. Wenn Sie etwa durch Gasgeben oder Bremsen den Betrag des Geschwindigkeitsvektors des Autos ändern oder nur dessen Richtung durch Drehung des Lenkrades, so merken Sie das durch die Änderung der Kräfte, mit denen Sie sich am Steuerrad festhalten müssen.

Die zeitliche Ableitung des Geschwindigkeitsvektors nennt man *Beschleunigung* $\mathbf{a} = \mathbf{a}(t)$.

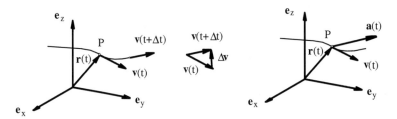

Es gilt

$$\mathbf{a} = \lim_{\Delta t \to 0} \frac{\mathbf{v}(t + \Delta t) - \mathbf{v}(t)}{\Delta t} = \lim_{\Delta t \to 0} \frac{\Delta \mathbf{v}}{\Delta t} = \frac{d\mathbf{v}}{dt} = \dot{\mathbf{v}} = \frac{d^2\mathbf{r}}{dt^2} = \ddot{\mathbf{r}}.$$

Die Beschleunigung $\mathbf{a}$ ist ein Vektor, der zur Zeit t die Richtung und den Betrag der zeitlichen Änderung der Geschwindigkeit angibt. Die Dimension von $\mathbf{a} = \mathbf{a}(t)$ ist $\text{Länge}/\text{Zeit}^2$ mit der Einheit $\left[\frac{m}{s^2}\right]$.

Beispiel 13.1

Gegeben sei eine Bahn in einem kartesischen Inertialsystem mit

$$\mathbf{r}(t) = (A\cos(\omega t) + B \,,\, A\sin(\omega t) + B \,,\, C) \begin{pmatrix} \mathbf{e}_x \\ \mathbf{e}_y \\ \mathbf{e}_z \end{pmatrix} .$$

Hierin sind t die Zeit (Einheit [s]), A, B, und C Konstanten (Einheit [m]). Die Konstante ω hat die Dimension $^1/\text{Zeit}$, und dient dazu, das Argument der Winkelfunktionen dimensionslos zu machen.

Wie sieht der Geschwindigkeits- und Beschleunigungsvektor aus, wie groß sind Bahngeschwindigkeit und Bahnbeschleunigung? Wie sieht die Bahn des Punktes aus?

Lösung:

Den Geschwindigkeitsvektor und den Beschleunigungsvektor erhält man durch Differentiation des Ortsvektors

$$\mathbf{v}(t) = \dot{\mathbf{r}}(t) = (-A\omega\sin(\omega t) \,,\, A\omega\cos(\omega t) \,,\, 0) \begin{pmatrix} \mathbf{e}_x \\ \mathbf{e}_y \\ \mathbf{e}_z \end{pmatrix} ,$$

$$\mathbf{a}(t) = \dot{\mathbf{v}}(t) = \ddot{\mathbf{r}}(t) = \left(-A\omega^2\cos(\omega t) \,,\, -A\omega^2\sin(\omega t) \,,\, 0\right) \begin{pmatrix} \mathbf{e}_x \\ \mathbf{e}_y \\ \mathbf{e}_z \end{pmatrix} .$$

Die Bahngeschwindigkeit v ist eine Konstante

$$v = \|\mathbf{v}\| = A\omega \,,$$
$$a = \|\mathbf{a}\| = A\omega^2 \,.$$

Um die Bahngeometrie zu erfassen, kann man in Form einer Tabelle für eine Reihe von Zeitpunkten die entsprechenden Koordinaten berechnen und damit die Bahn skizzieren oder aber man versucht, den Parameter Zeit aus den Koordinatenfunktionen zu eliminieren. Hier gilt für die x– und y–Koordinate des Vektors $\mathbf{r}$ die Beziehung

$$(r_x - B)^2 + (r_y - B)^2 = A^2 \,.$$

Dies ist ein Kreis mit dem Radius A in der zur x–y Ebene parallelen Ebene. Der Mittelpunkt des Kreises wird beschrieben durch die Koordinaten $x = y = B$ und $z = C$.

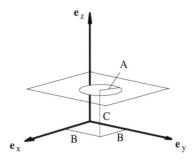

Anmerkung:

Dieses Beispiel zeigt, daß die Bahngeschwindigkeit konstant ist
und auch die Bahnbeschleunigung konstant und ungleich Null
ist. Dies ist offenbar dann der Fall, wenn sich nicht die Länge
des Geschwindigkeitsvektors sondern nur seine Richtung ändert.

Geradlinige Bewegung

Wir betrachten zunächst den Fall einer geradlinigen Bahn, die längs der
x–Achse des Inertialsystems liegt. Dann wird der Punkt nur noch mit einer
skalaren Funktion, der x–Koordinate beschrieben $x = x(t)$, beschrieben.
Entsprechend sind die Geschwindigkeit und Beschleunigung

$$\mathbf{v} = \dot{x}(t)\mathbf{e}_x \,, \qquad\qquad \mathbf{a} = \ddot{x}(t)\mathbf{e}_x$$

einfach durch die entsprechende Koordinatenfunktion zu beschreiben

$$v = \dot{x}(t) \,, \qquad\qquad a = \ddot{x}(t) \,.$$

Wenn man die Koordinatenfunktion $x = x(t)$ hat, so kann man sich durch
einfache Differentiation die Geschwindigkeit und Beschleunigung berechnen.
In diesem Sinn ist die Kenntnis der Funktion $x = x(t)$ gleich der Lösung
der Kinematik.

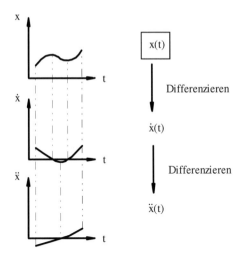

Stellen Sie sich bitte vor, das ein Mitarbeiter von Ihrer Firma auf einer langen geraden Teststrecke mit einem Wagen unterwegs ist. Wenn Sie die Ortskurve $x = x(t)$ des Wagens haben, können Sie schnell aussagen, wann der Testfahrer eine bestimmte Geschwindigkeit erreicht hat oder wann er gebremst oder beschleunigt hat.

Nehmen wir nun an, daß im Wagen ein Fahrtenschreiber ist. Ein Fahrtenschreiber erfaßt zu jedem Zeitpunkt die Geschwindigkeit des Wagens $v = v(t)$. Am Ende der Testfahrt bekommen Sie den Ausdruck des Fahrtenschreibers. Wie kommen Sie nun zur den von Ihnen gewünschten Informationen, wann der Fahrer gebremst hat und wann zum Beispiel der Fahrer das Ende der Teststrecke erreicht hat ?

Sie wissen, daß der Fahrer genau um 8 Uhr morgens am Anfang der Teststrecke losgefahren ist.

Zusammengefaßt haben Sie also folgende Informationen: Zum Zeitpunkt $t = t_0$ ist $x(t_0) = x_0$. *(Man nennt diese Information auch Anfangsbedingung.)*
Vom Fahrtenschreiber: $\dot{x} = v(t)$. Wissen wollen Sie

$$x = x(t) \qquad\qquad \ddot{x} = a(t)\,.$$

Offensichtlich bereitet die Information $\ddot{x} = a(t)$ keine Schwierigkeiten, es muß dazu ja nur die Fahrtenschreiberkurve differenziert werden. Um aus der Funktion $\dot{x} = v(t)$ die Funktion $x = x(t)$ zu erhalten, bedient man sich der Technik der *Trennung der Veränderlichen*. Aus

$$\frac{\mathrm{d}x}{\mathrm{d}t} = v(t)$$

erhält man nach formaler Multiplikation mit dem Differential $\mathrm{d}t$

$$\mathrm{d}x = v(t)\,\mathrm{d}t\,.$$

Auf der linken Seite der Gleichung steht eine Funktion von x, auf der rechten Seite eine Funktion von t. In dieser Gleichung sind die Variablen durch das Gleichheitszeichen getrennt. Die Summation führt auf

$$\int \mathrm{d}x = \int v(t)\,\mathrm{d}t\,,$$

wobei das linke Integral über den Ort und das rechte Integral über die Zeit summiert. Für die linke Seite kann man sofort eine Stammfunktion angeben

$$x = \int v(t)\,\mathrm{d}t + C\,,$$

hierin ist C eine Integrationskonstante, die bei dieser Form der unbestimmten Integration auftritt. Sie wird bestimmt durch die Anfangsbedingung $x(t_0) = x_0$.

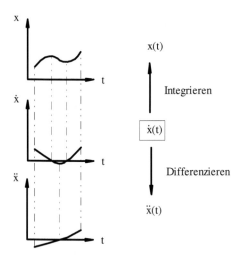

Als Sie für den Testfahrer den Wagen gekauft haben, war in der Werbung zu diesem Wagen zu lesen, daß er in 12 Sekunden auf $100\,\mathrm{km/h}$ kommt. Ihr Kind fragt Sie nun, wenn der Testfahrer zu einem Zeitpunkt t_0 am Anfang der Teststrecke steht und dann Gas gibt, dann ist der Wagen nach zwölf Sekunden $100\,\mathrm{km/h}$ schnell – aber wie weit ist der Wagen in diesen zwölf Sekunden gefahren?

Sie haben die Informationen zum Zeitpunkt

$$t = t_0 \quad : \quad x(t_0) = x_0\,, \quad v(t_0) = v_0 = 0\,\mathrm{m/s}\,,$$

und die Änderung der Geschwindigkeit in 12 Sekunden gibt Ihnen eine mittlere Beschleunigung von

$$\frac{100\,\mathrm{km/h}}{12\,\mathrm{s}} = 2{,}315\,\mathrm{m/s^2} \quad \text{mit} \quad 1\,\mathrm{km/h} = \frac{1000}{3600}\,\mathrm{m/s} = 0{,}278\,\mathrm{m/s}\,,$$

also haben Sie $a(t) = 2{,}315\,\mathrm{m/s^2}$, und Sie wollen $x = x(t)$ und $v = v(t)$. Man muß hier also zweimal hintereinander wie oben integrieren.

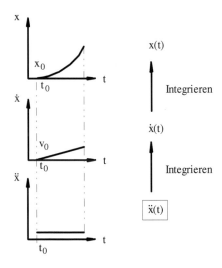

Die allgemeine Lösung ist

$$v = \int a(t)\,\mathrm{d}t + C_1\,, \qquad x = \iint a(t)\,\mathrm{d}t\,\mathrm{d}t + C_1 t + C_2\,,$$

und enthält zwei Konstanten, die aus den Anfangsbedingungen bestimmt werden müssen.

Anmerkung:

Der Wagen fährt in den 12 Sekunden etwa 166,67 m weit.

Eines der grandiosen Ergebnisse, die Galilei fand, besagt, daß jeder Körper, gleich welche Masse er hat, auf der Erdoberfläche eine konstante Beschleunigung erfährt. Diese Beschleunigung ist zum Erdmittelpunkt gerichtet und hat den Wert

$$g = 9{,}81 \,\text{m}/\text{s}^2 \,.$$

Man nennt g auch Erdbeschleunigung. Tatsächlich variiert dieser Wert geringfügig, der angegebene Wert wird aber generell für technische Anwendungen benutzt. Die Beobachtungen von Galilei besagen zum Beispiel, daß eine Vogelfeder genau so schnell wie eine Bleikugel fällt. Wegen des Luftwiderstandes kann man das Experiment nur im Vakuum beobachten.

Aufgabe:

Auf einem Jahrmarkt ist eine „Hau den Lukas"-Apparatur aufgestellt. Mit Hilfe eines schweren Hammers kann in dieser Apparatur eine kleine Masse so in Bewegung gesetzt werden, daß sie längs einer Gleitschiene zuerst nach oben und dann wieder nach unten fällt.

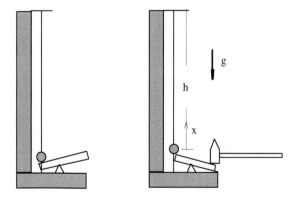

Bild 13.2. Hau den Lukas

Wie groß muß die Anfangsgeschwindigkeit mindestens sein, damit die Masse das obere Ende in einer Höhe h erreicht?

Lösung:

Im Erdschwerefeld wirkt die Erdbeschleunigung in negative x–Richtung. Es gilt also für die Beschleunigung des Massenpunktes

$$\ddot{x} = -g$$

mit der allgemeinen Lösung

$$x = -\frac{1}{2}gt^2 + C_1 t + C_2 \,.$$

Die Anfangszeit wird zu $t = 0$ gewählt. Bei $t = 0$ ist $x(0) = 0$ und $\dot{x}(0) = v_0$. Nach Anpassen der Anfangsbedingungen lautet die Lösung

$$x(t) = -\frac{1}{2}gt^2 + v_0 t \,.$$

Nach Aufgabenstellung muß v_0 mindestens so groß sein, daß es einen Zeitpunkt t^* gibt, für den $x(t^*) = h$ gilt:

$$x(t^*) = h = -\frac{1}{2}gt^{*2} + v_0 t^* \,.$$

Die Geschwindigkeit zu diesem Zeitpunkt muß mindestens 0 groß sein:

$$\dot{x}(t^*) = 0 = -gt^* + v_0 \,.$$

Aus der letzten Gleichung erhält man t^* als Funktion von v_0. Einsetzen in die darüber angegebene Gleichung liefert schließlich

$$v_0 = \sqrt{2hg} \,.$$

Wenn Ihr Wagen keinen Fahrtenschreiber hat, und Sie keine weiteren Informationen von dem Testfahrer haben als die Abfahrtszeit und den Abfahrtsort und damit natürlich auch die Anfangsgeschwindigkeit, bitten Sie die Polizei um Hilfe. Die sagt Ihnen (möglicherweise), „kein Problem, wir haben eine große Menge von Radarkontrollgeräten, die wir Ihnen zur Verfügung stellen könnten".

Ein Radarkontrollgerät stellt die Geschwindigkeit v eines Wagens am Einsatzort fest. Wenn Sie also die Teststrecke mit Radarkontrollgeräten bestücken, bekommen Sie an jedem Aufstellungsort die Geschwindigkeit, mit der der Testfahrer fährt. Sie erhalten also die Information

$$v = v(x) \,.$$

Wie können Sie hieraus die gewünschten Funktionen $x = x(t)$, $v = v(t)$ und $a = a(t)$ erhalten?

Sie können hier wieder über die Trennung der Veränderlichen eine Lösung finden. Mit

$$\frac{\mathrm{d}x}{\mathrm{d}t} = v(x)$$

erhält man nach Division durch $v(x)$ und Multiplikation mit $\mathrm{d}t$

$$\frac{\mathrm{d}x}{v(x)} = \mathrm{d}t \,.$$

Hier ist also wieder die Trennung geglückt, links stehen nur Funktionen von x, rechts eine Funktion von t. Die Summation liefert

$$\int \frac{\mathrm{d}x}{v(x)} = \int \mathrm{d}t$$

beziehungsweise

$$t = \int \frac{\mathrm{d}x}{v(x)} + C \, .$$

Die Umkehrabbildung dieser Funktion $t = t(x)$ liefert die gesuchte Lösung $x = x(t)$, aus der wieder durch Differentiation die übrigen Funktionen $v = v(t)$ und $a = a(t)$ berechnet werden können.

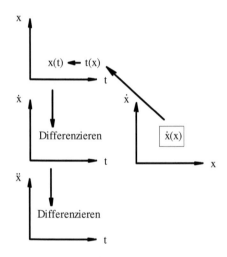

Anmerkung:

> Man nennt das Diagramm $v = v(x)$ auch *Phasenportrait* oder *Phasendiagramm*. Häufig kann der Fachmann aus diesem Bild die Natur periodischer Bewegungen sehr viel genauer erkennen als aus den $x(t)$ und $v(t)$ Diagrammen. Wir kommen bei der Untersuchung von Schwingungen darauf zurück.

Beim obigen Beispiel hatten wir eine in der Zeit konstante mittlere Beschleunigung Ihres Wagens angenommen. Dies ist in der Praxis nicht so.

Tatsächlich hängt die Maximalbeschleunigung eines Wagens von der Geschwindigkeit ab. Das liegt einerseits an der Getriebeübersetzung und andererseits an dem optimalen Arbeitspunkt des Motors. Bei genauer Analyse der Maximalbeschleunigung eines Wagens hat man es mit einer Funktion der Form

$$a = a(v)$$

zu tun. Auch hieraus kann man wieder mit der Trennung der Veränderlichen zum Ergebnis $x = x(t)$ kommen.

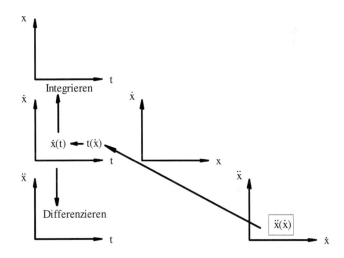

Mit

$$\frac{\mathrm{d}v}{\mathrm{d}t} = a(v)$$

erhält man

$$\frac{\mathrm{d}v}{a(v)} = \mathrm{d}t$$

bzw. mit unbestimmter Integration

$$t = \int \frac{\mathrm{d}v}{a(v)} + C$$

die Funktion $t = t(v)$, dessen Umkehrabbildung $v = v(t)$ wir schon behandelt haben.

Eine der wesentlichen Formen von Bahnangaben ist die Angabe der Beschleunigung in Abhängigkeit von dem Ort

$$\ddot{x} = a(x)\,.$$

Mit Hilfe der Kettenregel findet man

$$\ddot{x} = \frac{\mathrm{d}v}{\mathrm{d}t} = \frac{\mathrm{d}v}{\mathrm{d}x}\frac{\mathrm{d}x}{\mathrm{d}t} = v\frac{\mathrm{d}v}{\mathrm{d}x} = a(x)$$

eine Form, bei der das Verfahren der Trennung der Veränderlichen wieder greift.

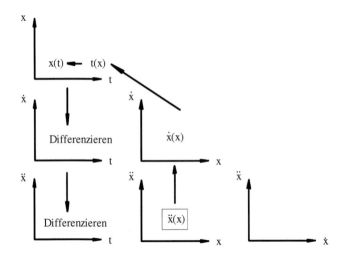

Mit

$$v\,\mathrm{d}v = a(x)\,\mathrm{d}x$$

liefert die Summation

$$\frac{1}{2}v^2 = \int a(x)\,\mathrm{d}x + C\,,$$

also die schon behandelte Funktion $v = v(x)$.

Beispiel 13.2

Gegeben sei die Funktion

$$a(x) = -w^2 x \,.$$

Die Anfangswerte für $t_0 = 0$ seien

$$x(0) = x_0 \,, \qquad\qquad v(0) = 0 \,.$$

Lösung:

Die Funktion v lautet mit obiger Formel in der Form $v = v(x)$

$$\frac{1}{2} v^2 = -\int \omega^2 x \, \mathrm{d}x + \tilde{C}_1 \,.$$

Man findet

$$\frac{1}{2} v^2 = -\frac{1}{2}\omega^2 x^2 + C_1 \,.$$

Mit den angegebenen Anfangswerten läßt sich die Integrationskonstante bestimmen

$$\frac{1}{2} v^2 = -\frac{1}{2}\omega^2 (x^2 - x_0^2).$$

Die Funktion $v = v(x)$ hat nun die Gestalt

$$v = \pm\omega\sqrt{(x_0^2 - x^2)} \,.$$

Wie oben dargelegt, berechnet man mit Hilfe der Trennung der Veränderlichen hieraus

$$t = \pm\int \frac{\mathrm{d}x}{\omega\sqrt{x_0^2 - x^2}} + C_2 \,.$$

Mit Formelsammlungen wie etwa dem Bronstein[1] oder (bei etwas Übung geht das sogar schneller) mit einer geeigneten Substitution für x löst man das Integral zu

$$t = \pm\frac{1}{\omega}\arcsin\frac{x}{x_0} + C_2 \,.$$

Für $t = 0$ berechnet sich die Integrationskonstante zu

$$0 = \pm\frac{1}{\omega}\arcsin\frac{x_0}{x_0} + C_2 \quad\longrightarrow\quad C_2 = \mp\frac{\pi}{2\omega} \,,$$

so daß die Lösung die Form

$$t = \pm\frac{1}{\omega}\arccos\frac{x}{x_0}$$

bzw.

$$x = x_0 \cos\omega t$$

annimmt.

---

1 siehe [1]

Aufgabe:

Man berechne die Lösung der Gleichung

$$a(x) = -w^2 x .$$

mit den allgemeinen Anfangswerten für $t_0 = 0$

$$x(0) = x_0 , \qquad\qquad v(0) = v_0 .$$

Lösung:

Die Lösung der Gleichung lautet

$$x = x_0 \cos \omega t + \frac{v_0}{\omega} \sin \omega t .$$

Anmerkung:

Mit den oben beschriebenen Techniken läßt sich auch die allgemeine Lösung der Eulerschen Differentialgleichung berechnen. Aus

$$w'''' + \lambda^2 w'' = 0$$

erhält man durch die Substitution $y = w''$ die Gleichung

$$y'' + \lambda^2 y = 0 ,$$

dessen allgemeine Lösung von der Form

$$y = A^* \cos \lambda x + B^* \sin \lambda x$$

ist. Hier ist im Gegensatz zu den vorhergehenden Beispielen nicht nach der Zeit, sondern nach dem Ort x abgeleitet. Mit

$$w'' = A^* \cos \lambda x + B^* \sin \lambda x$$

liegt jetzt formal wieder ein Problem der Form a = a(t) vor, das durch zweimalige Integration zu lösen ist. Also ist

$$w = \iint (A^* \cos \lambda x + B^* \sin \lambda x) dx + C_1 x + C_2$$

$$= -\frac{A*}{\lambda^2} \cos \lambda x - \frac{B*}{\lambda^2} \sin \lambda x + C_1 x + C_2$$

woraus nach Umbenennung der Konstanten die in Kapitel 12 angegebene allgemeine Lösung folgt

$$w(x) = A \cos \lambda x + B \sin \lambda x + C \lambda x + D .$$

Allgemein hat man es in der Mechanik mit Gleichungen der Form

$$\ddot{x} = \ddot{x}(x, \dot{x}, t)$$

zu tun. Hier kommt man meist nicht mehr mit der Trennung der Veränderlichen zum Ziel. Tatsächlich findet man für solche Gleichungen nur noch in speziellen Fällen eine Lösung. Einer dieser Fälle ist die lineare Differentialgleichung

$$\ddot{x} + A\dot{x} + Bx = f(t)$$

mit konstanten Koeffizienten A und B und einer beliebigen Zeitfunktion $f(t)$. Diese werden wir am Ende des Semesters lösen.

13.2 Polar- und Zylinderkoordinaten

Im vorhergehenden Abschnitt haben wir nur geradlinige Bewegungen betrachtet. Bei einer Bewegung in der Ebene hat man für die Bahn in kartesischen Koordinaten schon zwei Funktionen x und y, die für die Beschreibung der Bahn benötigt werden:

$$\mathbf{r} = (x(t), y(t), 0) \begin{pmatrix} \mathbf{e}_x \\ \mathbf{e}_y \\ \mathbf{e}_z \end{pmatrix}.$$

Die Idee der *Polarkoordinaten* ist, solche ebenen Bewegungen wieder nur mit einer Koordinate zu beschreiben. Dazu wird ein neues Basissystem eingeführt,

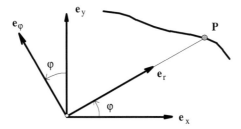

dessen Basisvektoren wieder Einheitsvektoren sind und die auch ein Orthogonalsystem bilden, also senkrecht aufeinander stehen. Im Unterschied zu den kartesischen Basisvektoren, sollen die neuen Basisvektoren aber immer so gedreht sein, daß der Basisvektor $\mathbf{e}_r$ zu jedem Zeitpunkt auf den momentanen Ort des Punktes auf seiner Bahn zeigt. Der Ursprungspunkt beider Koordinatensysteme bleibt unverändert.

In diesem neuen Koordinatensystem wird der Ort des Punktes wieder nur durch eine skalare Funktion $r = r(t)$ beschrieben:

$$\mathbf{r} = x(t)\mathbf{e}_x + y(t)\mathbf{e}_y = r(t)\mathbf{e}_r \, .$$

Anmerkung:

Ein Punkt in der Ebene hat zwei Freiheitsgrade. Die zweite „Koordinaten"–Information bei den Polarkoordinaten ist im Winkel φ versteckt, um den der Basisvektor $\mathbf{e}_r$ gedreht wird. Insbesondere muß man bei der Zeitableitung auch die damit verbundene Zeitabhängigkeit des Basisvektors mit berücksichtigen.

Die Geschwindigkeit des Punktes ist die Zeitableitung des Ortsvektors. Bei den kartesischen Koordinaten, dem Inertialsystem wissen wir, daß die Basisvektoren bezüglich der Zeit konstant sind, also gilt

$$\dot{\mathbf{r}} = \dot{x}(t)\mathbf{e}_x + \dot{y}(t)\mathbf{e}_y \, .$$

Bei den Polarkoordinaten müssen wir auch die Basisvektoren ableiten, da sie zeitabhängig sein können:

$$\dot{\mathbf{r}} = \frac{\mathrm{d}}{\mathrm{d}t}\left(r(t)\mathbf{e}_r\right) = \dot{r}(t)\mathbf{e}_r + r(t)\dot{\mathbf{e}}_r \, .$$

Anmerkung:

Dies ist der wesentliche Unterschied zwischen Inertialsystem und Nichtinertialsystem. Im Inertialsystem erhält man aus den Ortskoordinaten durch Ableitung die Geschwindigkeiten und Beschleunigungen. In einem Nichtinertialsystem liefert die Ableitung der Koordinatenfunktionen nur einen Teil der wirklichen Geschwindigkeiten oder Beschleunigungen. Man muß in Nichtinertialsystemen immer die Basisvektoren mitdifferenzieren, um die vollständigen Geschwindigkeiten oder Beschleunigungen eines Systems zu erhalten!

Wie nun sieht die Zeitableitung der Basisvektoren für die Polarkoordinaten aus?

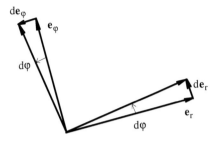

In dem Zeitabschnitt dt dreht sich das Polarkoordinatensystem um den Winkel $d\varphi$. Da $d\varphi$ sehr klein ist, gilt

$$\sin d\varphi \approx d\varphi \,.$$

Man liest aus dem Bild ab, daß die Änderung des Basisvektors $\mathbf{e}_r$ in Richtung $\mathbf{e}\varphi$ zeigt:

$$d\mathbf{e}_r = d\varphi \mathbf{e}_\varphi \quad \longrightarrow \quad \dot{\mathbf{e}}_r = \dot{\varphi} \mathbf{e}_\varphi$$

und analog folgt für die Ableitung des Basisvektors $\mathbf{e}\varphi$

$$d\mathbf{e}_\varphi = -d\varphi \mathbf{e}_r \quad \longrightarrow \quad \dot{\mathbf{e}}_\varphi = -\dot{\varphi} \mathbf{e}_r \,.$$

Üblicherweise schreibt man

$$\dot{\varphi} = \omega$$

und nennt ω *Winkelgeschwindigkeit*. Die Winkelgeschwindigkeit hat die Dimension $1/\text{Zeit}$, die Einheit ist $[1/\text{s}]$. Mit diesen Bezeichnungen berechnen sich der Geschwindigkeits- und Beschleunigungsvektor in Polarkoordinaten zu

$$\dot{\mathbf{r}} = \dot{r}\mathbf{e}_r + r\omega \mathbf{e}_\varphi \,,$$
$$\ddot{\mathbf{r}} = (\ddot{r} - r\omega^2)\mathbf{e}_r + (r\dot{\omega} + 2\dot{r}\omega)\mathbf{e}_\varphi \,.$$

Beispiel 13.3 (Kreisbewegung)

Man berechne die Beschleunigung eines Punktes, der sich auf auf einem Kreis mit konstantem Radius bewegt.

Lösung:

Weil der Radius des Kreises konstant ist, gilt für die Geschwindigkeit in e_r–Richtung, die sog. *Radialgeschwindigkeit*, des Punktes $\dot{r} = 0$. In Polarkoordinaten berechnet sich die Beschleunigung von P zu

$$\mathbf{r} = r\mathbf{e}_r$$

$$\dot{\mathbf{r}} = r\omega\mathbf{e}_\varphi$$

$$\ddot{\mathbf{r}} = -r\omega^2\mathbf{e}_r + r\dot{\omega}\mathbf{e}_\varphi$$

Bei einer konstanten Bahngeschwindigkeit ist auch $\dot{\omega} = 0$. Die verbleibende Beschleunigung

$$\ddot{\mathbf{r}} = -r\omega^2\mathbf{e}_r$$

zeigt auf den Koordinatenursprungspunkt und wird *Zentripetalbeschleunigung* genannt.

Beispiel 13.4   (Zentralkraftproblem)

Gegeben sei ein Massenpunkt in der Ebene, der Beschleunigungen nur längs der Verbindungslinie zum Koordinatenursprungspunkt erfährt.

Lösung:

In Polarkoordinaten ist die Beschleunigung des Punktes

$$\ddot{\mathbf{r}} = (\ddot{r} - r\omega^2)\mathbf{e}_r + (r\dot{\omega} + 2\dot{r}\omega)\mathbf{e}_\varphi \,.$$

Aus der Aufgabenstellung folgt, daß die Beschleunigungskomponente in Richtung $\mathbf{e}_\varphi$ gleich Null sein muß. Aus

$$r\dot{\omega} + 2\dot{r}\omega = 0$$

folgt nach Multiplikation mit r und Integration

$$r^2\omega = C$$

mit der Integrationskonstanten C. Diese Größe läßt sich geometrisch deuten.

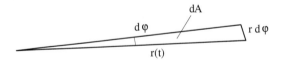

Der Fahrstrahl $r = r(t)$ überstreicht in der Zeit dt die Fläche

$$dA = \frac{1}{2}r^2\,d\varphi \,.$$

Nach Division durch dt läßt sich die obige Aussage $r^2\omega = C$ deuten als konstante Flächengeschwindigkeit

$$\dot{A} = \frac{1}{2}r^2\omega = \tilde{C} \,.$$

Anmerkung:

Die Aussage ist damit: Der Fahrstrahl zum Massenpunkt überstreicht in gleichen Zeiten gleiche Flächen. Dies ist das sogenannte *2. Keplersche Gesetz*, das zum Beispiel die Bewegung von Planeten oder Kometen um die Sonne beschreibt. Diese Körper werden von der Sonne angezogen. Legt man den Koordinatenursprungspunkt in die Sonne, dann liegt offensichtlich gerade der Fall dieser Aufgabe vor.

Die möglichen Bahnen sind die Kegelschnitte (Ellipse, Parabel und Hyperbel). Das zum Beispiel die Erde in einer raumfesten Ebene um die Sonne kreist, haben wir hier vorausgesetzt. Das dies tatsächlich auch die Gleichungen der Mechanik liefern, werden wir in der Kinetik sehen (Drallsatz).

Haben Sie sich schon einmal gefragt, warum abends beim Grillen im Garten beim Lampionschein so viele Motten die Lampen umkreisen? Man sollte doch erwarten, daß ausgeprägte Nachtschwärmer wie die Motten das Licht meiden müßten.

Man vermutet, daß das optische Orientierungssystem der Motten so funktioniert, daß die Flugrichtung zur Richtung des Mondes von der Motte aus gesehen immer einen konstanten Winkel einschließt. Dies ist plausibel und die Motten scheinen damit zurecht zu kommen.

Was passiert aber nun, wenn die Motte sich Ihrem Grillplatz nähert. Sie findet wegen Ihrer Lampe plötzlich einen neuen Mond vor, nach dem sie sich orientieren will. Wie sieht dann die Flugbahn der Motte aus?

Dies läßt sich am einfachsten in Polarkoordinaten beschreiben. In Ihre Lampe setzen wir den Ursprungspunkt.

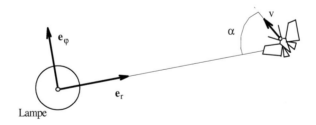

Die Motte hat eine konstante Bahngeschwindigkeit v. Zerlegt man diese in die Richtung der Basisvektoren, so folgt für die Geschwindigkeitskomponenten

$$\mathbf{e}_r : -v\cos\alpha, \qquad\qquad \mathbf{e}_\varphi : v\sin\alpha.$$

Der Vergleich mit den Geschwindigkeitskomponenten in Polarkoordinaten,

$$\dot{\mathbf{r}} = \dot{r}\mathbf{e}_r + r\omega\mathbf{e}_\varphi \,,$$

liefert die Beziehungen

$$\dot{r} = -v\cos\alpha \qquad \longrightarrow \qquad \frac{dr}{v\cos\alpha} = -dt \,,$$

$$r\omega = v\sin\alpha \qquad \longrightarrow \qquad \frac{r\,d\varphi}{v\sin\alpha} = dt \,.$$

Die Elimination von dt führt schließlich auf

$$\frac{dr}{r} = -\cot\alpha\,d\varphi \,.$$

Die Integration ergibt die Flugbahn der Motte zu

$$\ln r = -\cot\alpha\varphi + C \,.$$

Dies ist eine logaritmische Spirale, beschrieben durch

$$r = e^{-\cot\alpha\varphi}e^C = r_0 e^{-\cot\alpha\varphi} \,,$$

auf der die Motte sich auf immer engeren Bögen Ihrer Lampe nähert.

Die Motte wird also zwangsläufig auf Ihre Lampe zugetrieben, da diese ihren Orientierungssinn verwirrt!

Der Mond selbst ist so weit weg, daß die Bahn der Motte, wenn sie sich nach dem Mond richtet, praktisch eine Gerade ist, selbst wenn die Motte Hunderte von Kilometern fliegen würde. Die Natur hat der Motte damit einen genial einfachen Orientierungssinn mitgegeben. Nur mit künstlichem Licht wird dieser Sinn nicht fertig.

Aufgabe:

Man berechne die Beschleunigungen der Motte, wenn sie mit einer konstanten Bahngeschwindigkeit fliegt.

Lösung:

Die Bahnbeschleunigung geht gegen unendlich, wenn die Motte auf Ihre Lampe zufliegt.

Anmerkung:

Wenn man annimmt, daß die hohe Bahnbeschleunigung große Kräfte von der Motte fordert, dann ist verständlich, daß die Motte ab einer bestimmten Nähe zu Ihrer Lampe die Kraft für den weiteren logarithmischen Spiralflug nicht mehr aufbringen kann. Die Motte treibt von der Lampe ab und beginnt die Annäherung von vorn. Dies ist die Erklärung für den scheinbar taumeligen Flug der Motte in der Nähe Ihrer Lampe.

Die Polarkoordinaten beschreiben Punkte in der Ebene. Im Raum läßt sich die Lage eines Punktes durch die Erweiterung der Polarkoordinaten um einen dritten Basisvektor beschreiben. Die einfachste Form einer solchen Erweiterung ist das Anfügen einer „kartesischen" z–Achse.

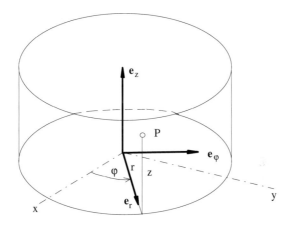

Bild 13.3. Zylinderkoordinaten

Man nennt diese Koordinaten *Zylinderkoordinaten*. Der Orts-, Geschwindigkeits- und Beschleunigungsvektor eines Punktes P im Raum sind damit

$$\left.\begin{aligned}
\mathbf{r} &= r\mathbf{e}_r & &+ z\mathbf{e}_z \\
\dot{\mathbf{r}} &= \dot{r}\mathbf{e}_r + r\omega\mathbf{e}_\varphi & &+ \dot{z}\mathbf{e}_z \\
\ddot{\mathbf{r}} &= (\ddot{r} - r\omega^2)\mathbf{e}_r + (r\dot{\omega} + 2\dot{r}\omega)\mathbf{e}_\varphi & &+ \ddot{z}\mathbf{e}_z
\end{aligned}\right\} \text{ mit } \omega = \dot{\varphi}.$$

Anmerkung:

In [2, Kapitel 3] haben wir von Transformationen der Basisvektoren gesprochen. Die Zylinderkoordinaten gehen aus den kartesischen Koordinaten hervor durch Drehung der zugehörigen Basisvektoren um die 3–Achse mit dem Winkel $\varphi = \varphi(t)$.

$$\begin{pmatrix} \mathbf{e}_r \\ \mathbf{e}_\varphi \\ \mathbf{e}_z \end{pmatrix} = \underline{D}_3 \begin{pmatrix} \mathbf{e}_x \\ \mathbf{e}_y \\ \mathbf{e}_z \end{pmatrix} = \begin{pmatrix} \cos\varphi & \sin\varphi & 0 \\ -\sin\varphi & \cos\varphi & 0 \\ 0 & 0 & 1 \end{pmatrix} \begin{pmatrix} \mathbf{e}_x \\ \mathbf{e}_y \\ \mathbf{e}_z \end{pmatrix}.$$

Die Ableitung der Basisvektoren führt über

$$\frac{\mathrm{d}}{\mathrm{d}t} \begin{pmatrix} \mathbf{e}_r \\ \mathbf{e}_\varphi \\ \mathbf{e}_z \end{pmatrix} = \frac{\mathrm{d}}{\mathrm{d}t} \left(\underline{D}_3 \begin{pmatrix} \mathbf{e}_x \\ \mathbf{e}_y \\ \mathbf{e}_z \end{pmatrix} \right)$$

$$= \frac{\mathrm{d}}{\mathrm{d}t}(\underline{D}_3) \begin{pmatrix} \mathbf{e}_x \\ \mathbf{e}_y \\ \mathbf{e}_z \end{pmatrix} = \frac{\mathrm{d}}{\mathrm{d}t}(\underline{D}_3)\underline{D}_3^T \begin{pmatrix} \mathbf{e}_r \\ \mathbf{e}_\varphi \\ \mathbf{e}_z \end{pmatrix}$$

auf

$$\frac{\mathrm{d}}{\mathrm{d}t} \begin{pmatrix} e_r \\ e_\varphi \\ e_z \end{pmatrix} = \dot{\varphi} \begin{pmatrix} 0 & 1 & 0 \\ -1 & 0 & 0 \\ 0 & 0 & 0 \end{pmatrix} \cdot \begin{pmatrix} e_r \\ e_\varphi \\ e_z \end{pmatrix}.$$

Hieraus liest man die vorne hergeleiteten Formeln zur Ableitung der Basisvektoren von Polarkoordinaten- bzw. Zylinderkoordinaten ab.

13.3 Natürliche Koordinaten

Die Idee der Polarkoordinaten war, in der Ebene einen Basisvektor auf den interessierenden Punkt zeigen zu lassen. Der Ort des Punktes in der x–y–Ebene kann mit einer skalaren Funktion r angegeben werden. Im Raum benötigt man neben r auch noch die Koordinate z. Erkauft wurde diese Vereinfachung der Ortsangabe mit der Zeitabhängigkeit der Basisvektoren $\mathbf{e}_r$ und $\mathbf{e}_\varphi$. Die natürlichen Koordinaten gehen noch einen Schritt weiter.

Betrachtet man den interessierenden Punkt zu den Zeitpunkten t und $t + \mathrm{d}t$, so ist durch die Bewegung des Punktes eine Richtung, die Richtung seines Geschwindigkeitsvektors, ausgezeichnet. Die natürlichen Koordinaten nutzen diese Information dadurch, daß der Ursprung des Basissystems im Punkt und ein Basisvektor der Länge 1 in Richtung des Geschwindigkeitsvektors liegt. Dieser Basisvektor heißt Tangenteneinheitsvektor $\mathbf{e}_t$. Der Geschwindigkeitsvektor $\mathbf{v}$ des interessierenden Punktes ist einfach

$$\mathbf{v} = v\mathbf{e}_t.$$

Natürlich enthält der Basisvektor $\mathbf{e}_t$ selbst weitere Informationen, die sich bei der Ableitung der Geschwindigkeit zeigen.

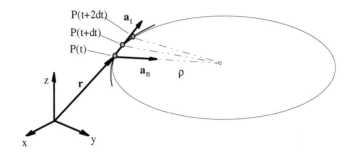

Der Geschwindigkeitsvektor bzw. der Tangentenvektor wird in seiner Richtung definiert durch zwei differentiell benachbarte Punkte $\mathbf{r}(t)$ und $\mathbf{r}(t+dt)$. Die Weglänge zwischen diesen beiden Punkten ist ds.

Betrachtet man noch einen weiteren differentiell benachbarten Punkt $\mathbf{r}(t + 2dt)$, so werden diese drei Punkte eine Ebene aufspannen, wenn die Kurve „gekrümmt" ist. In dieser Ebene gibt es einen Kreis, den sogenannten *Schmiegekreis*, auf dem die drei differentiell benachbarten Punkte liegen. Der Radius des Schmiegekreises wird der *Krümmungsradius r* der Kurve im Punkt P genannt. Wenn die Bahn des Punktes P eine Gerade ist, dann ist der Krümmungsradius nicht endlich. Man sagt auch, die *Krümmung k* ($k = 1/r$) ist gleich Null.

In die Ebene des Schmiegekreises wird der zweite Basisvektor $\mathbf{e}_n$,ebenfalls ein Einheitsvektor, gelegt. Er zeigt zum *Krümmungsmittelpunkt*, das ist der Mittelpunkt des Schmiegekreises. Dieser Basisvektor, *Normalenvektor* genannt, steht nach Konstruktion senkrecht auf dem Tangenteneinheitsvektor.

Der dritte Basisvektor $\mathbf{e}_b$ wird durch das Kreuzprodukt der beiden anderen Basisvektoren definiert. Er heißt *Binormalenvektor* $\mathbf{e}_b$:

$$\mathbf{e}_b = \mathbf{e}_t \times \mathbf{e}_n .$$

Aus der folgenden Zeichnung entnimmt man, daß die Änderung des Basisvektors $\mathbf{e}_t$ in Richtung $\mathbf{e}_n$ zeigt.

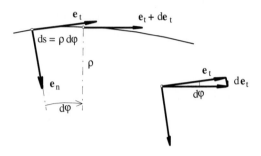

Es ist

$$\mathrm{d}\mathbf{e}_t = \mathrm{d}\varphi \mathbf{e}_n$$

und damit

$$\dot{\mathbf{e}}_t = \dot{\varphi}\mathbf{e}_n = \frac{v}{\rho}\mathbf{e}_n\,.$$

Hierin ist die Bahngeschwindigkeit $v = \mathrm{d}s/\mathrm{d}t$ die Zeitableitung der sogenannten Bogenlänge s. Die Bogenlänge ist gerade dadurch charakterisiert,
daß die Ableitung des Ortsvektors $\mathbf{r}$ nach s immer einen Einheitstangenten-
vektor liefert

$$\dot{\mathbf{r}} = \frac{\mathrm{d}\mathbf{r}}{\mathrm{d}t} = \frac{\mathrm{d}\mathbf{r}}{\mathrm{d}s}\frac{\mathrm{d}s}{\mathrm{d}t} = \mathbf{e}_t v = \frac{v}{\|v\|}\|v\|\,.$$

Somit sind Geschwindigkeit und Beschleunigung eines Punktes gegeben
durch

$$\dot{\mathbf{r}} = v\mathbf{e}_t$$

$$\ddot{\mathbf{r}} = \dot{v}\mathbf{e}_t + \frac{v^2}{\rho}\mathbf{e}_n$$

Anmerkung:

> Wenn man noch einen 4. differentiell benachbarten Punkt $\mathbf{r}(t +$
> $3\mathrm{d}t)$ der Kurve in Betracht zieht, so muß dieser Punkt nicht
> mehr in der Ebene der drei übrigen Punkte liegen. Man sagt
> dann, daß die Kurve sich aus der Schmiegeebene *windet*.
> Die beiden Größen *Krümmung* und *Windung* charakterisie-
> ren vollständig eine Raumkurve in einem differentiell kleinen
> Abschnitt. Hiermit beschäftigt sich insbesondere die Differenti-
> algeometrie. Einfache Formeln zur Berechnung von Krümmung
> und Windung einer Kurve finden Sie zum Beispiel im Bronstein.

Die Koordinatensysteme zur Beschreibung von Punkten im Raum sind nachfolgend noch einmal zusammenfassend aufgelistet.

Kartesische Koordinaten:

$$\mathbf{r} = x\mathbf{e}_x + y\mathbf{e}_y + z\mathbf{e}_z$$
$$\dot{\mathbf{r}} = \dot{x}\mathbf{e}_x + \dot{y}\mathbf{e}_y + \dot{z}\mathbf{e}_z$$
$$\ddot{\mathbf{r}} = \ddot{x}\mathbf{e}_x + \ddot{y}\mathbf{e}_y + \ddot{z}\mathbf{e}_z$$

Zylinderkoordinaten:

$$\mathbf{r} = r\mathbf{e}_r \qquad\qquad\qquad +z\mathbf{e}_z$$
$$\dot{\mathbf{r}} = \dot{r}\mathbf{e}_r + r\omega\mathbf{e}_\varphi \qquad\quad +\dot{z}\mathbf{e}_z$$
$$\ddot{\mathbf{r}} = (\ddot{r} - r\omega^2)\mathbf{e}_r + (r\dot{\omega} + 2\dot{r}\omega)\mathbf{e}_\varphi \quad +\ddot{z}\mathbf{e}_z$$

$$\left.\right\} \text{ mit } \omega = \dot{\varphi}$$

Natürliche Koordinaten:

$$\dot{\mathbf{r}} = v\mathbf{e}_t$$
$$\ddot{\mathbf{r}} = \dot{v}\mathbf{e}_t + \frac{v^2}{\rho}\mathbf{e}_n$$

Anmerkung:

Natürliche Koordinaten werden wir später manchmal nutzen, um bestimmte Bahninformationen in einfacher Weise zu bekommen. Zwischen der geradlinigen Bewegung und der allgemeinen räumlichen Bewegung gibt es den folgenden Zusammenhang:

Geradlinige Bewegung	Räumliche Bewegung
x	s
$v = \dot{x}$	$v = \dot{s}$
$a = \dot{v} = \ddot{x}$	$a_t = \dot{v} = \ddot{s}$

So lassen sich alle oben erläuterten Methoden zur Untersuchung der Kinematik auch für den dreimimensionalen Fall verwenden.

13.4 Bewegte Koordinatensysteme

Die Lage eines Punktes P im Raum kann mit Hilfe des Basissystems

$$\{O\,,\,\mathbf{e}_1\,,\,\mathbf{e}_2\,,\,\mathbf{e}_3\}$$

mit dem Koordinatenursprungspunkt O wie im Abschnitt 13.1 ausgeführt beschrieben werden, wenn die Basis ein Inertialsystem darstellt.

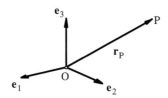

Ein Vektor $\mathbf{r}$ kann in diesem Basissystem dargestellt werden als

$$\mathbf{r} = r_1\mathbf{e}_1 + r_2\mathbf{e}_2 + r_3\mathbf{e}_3\,.$$

Hierin sind die Zahlen r_1, r_2, r_3 die Koeffizienten des Vektors $\mathbf{r}$ in dem Basissystem $\{O\,,\mathbf{e}_1\,,\mathbf{e}_2\,,\mathbf{e}_3\}$. Mit den Bezeichnungen aus [2, Kapitel 3] des letzten Semesters können wir dies auch schreiben als das Produkt des Koeffiziententupels $\underline{r}$ mit dem Basisvektortupel $\underline{\mathbf{e}}$:

$$\mathbf{r} = \underline{r}^T\underline{\mathbf{e}} = \underline{\mathbf{e}}^T\underline{r}\,, \quad \text{mit} \quad \underline{r} = \begin{pmatrix} r_1 \\ r_2 \\ r_3 \end{pmatrix}\,, \ \underline{\mathbf{e}} = \begin{pmatrix} \mathbf{e}_1 \\ \mathbf{e}_2 \\ \mathbf{e}_3 \end{pmatrix}\,.$$

Die Zeitableitungen dieses Vektors sind

$$\dot{\mathbf{r}} = \underline{\dot{r}}^T\underline{\mathbf{e}} + \underline{r}^T\underline{\dot{\mathbf{e}}} \qquad\qquad = \underline{\dot{r}}^T\underline{\mathbf{e}}$$
$$\ddot{\mathbf{r}} = \underline{\ddot{r}}^T\underline{\mathbf{e}} + 2\underline{\dot{r}}^T\underline{\dot{\mathbf{e}}} + \underline{r}^T\underline{\ddot{\mathbf{e}}} \qquad = \underline{\ddot{r}}^T\underline{\mathbf{e}}$$

denn die Zeitableitung der Inertialbasisvektoren ist immer identisch Null. Lassen Sie uns annehmen, daß wir noch ein bewegtes Basissystem im Raum haben. Denken Sie etwa an ein Koordinatensystem, das an einem starren Körper festgemacht ist, der sich im Raum bewegt.

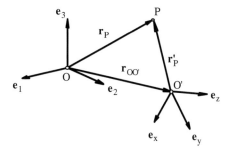

Das zweite Basissystem $\{O'\,,\mathbf{e}_x\,,\mathbf{e}_y\,,\mathbf{e}_z\}$ habe den Ursprungspunkt O' und die Basisvektoren $\mathbf{e}_x$, $\mathbf{e}_y$, $\mathbf{e}_z$. Diese Basis soll genau so wie die Inertialbasis ein orthonormales, in diesem Fall ein kartesisches System sein. Das Tupel dieser Basisvektoren sei mit $\underline{e}'$ gekennzeichnet:

$$\underline{e}' = \begin{pmatrix} \mathbf{e}_x \\ \mathbf{e}_y \\ \mathbf{e}_z \end{pmatrix} .$$

Der Ort des Punktes P kann nun ausgedrückt werden als Vektorsumme

$$r_P = r_{OO'} + r_m .$$

Jeder dieser Vektoren kann in einem der beiden Basissysteme dargestellt werden. Üblicherweise wird man die Vektoren in dem jeweils bequemsten Basissystem darstellen.

$$\underline{r}_P^T\underline{e} = \underline{r}_{OO'}^T\underline{e} + \underline{r}_m^T\underline{e}' .$$

Um eine Beziehung zwischen den Koeffizienten in den unterschiedlichen Basissystemen zu bekommen, muß man die Basistransformation von $\underline{e}$ nach $\underline{e}'$ kennen.

Diese Basistransformation ist eine Matrix $\underline{\underline{D}}$, die die Verdrehung der Basisvektoren von $\underline{e}$ und $\underline{e}'$ kennzeichnet (siehe [2, Kapitel 2]). Diese Matrix ist eine orthogonale Matrix mit der Eigenschaft:

$$\underline{e}' = \underline{\underline{D}}\underline{e},\underline{\underline{D}}^{-1} = \underline{\underline{D}}^T .$$

Anmerkung:

Allgemein ist diese orthogonale Matrix das Produkt von drei elementaren Drehmatrizen:

$$\underline{\underline{D}}_1(\varphi) = \begin{pmatrix} 1 & 0 & 0 \\ 0 & \cos\varphi & \sin\varphi \\ 0 & -\sin\varphi & \cos\varphi \end{pmatrix} ,$$

$$\underline{\underline{D}}_2(\varphi) = \begin{pmatrix} \cos\varphi & 0 & -\sin\varphi \\ 0 & 1 & 0 \\ \sin\varphi & 0 & \cos\varphi \end{pmatrix},$$

$$\underline{\underline{D}}_3(\varphi) = \begin{pmatrix} \cos\varphi & \sin\varphi & 0 \\ -\sin\varphi & \cos\varphi & 0 \\ 0 & 0 & 1 \end{pmatrix}.$$

Die Transformation

$$\mathbf{e}' = \underline{\underline{D}}_i(\varphi)\mathbf{e}$$

dreht das Basissystem $\mathbf{e}'$ um die i–Achse des Systems $\mathbf{e}$ im mathematisch positiven Sinn.

Jede beliebige Verdrehung des Basissystems $\mathbf{e}'$ gegenüber $\mathbf{e}$ läßt sich mit maximal drei hintereinander folgenden Elementardrehungen darstellen. Die Transformation

$$\mathbf{e}' = \underline{\underline{D}}_3(\psi)\underline{\underline{D}}_1(\xi)\underline{\underline{D}}_3(\varphi)\mathbf{e} = \underline{\underline{D}}\mathbf{e}$$

sagt aus, daß das Basissystem $\mathbf{e}$ zunächst um seine 3–Achse mit dem Winkel ψ gedreht wird, dann um die sich neu einstellende 1–Achse mit dem Winkel ξ und dann nochmal um die 3–Achse mit dem Winkel ψ gedreht wird. Diese drei Winkel in dieser Reihenfolge können jede beliebige Verdrehung von $\mathbf{e}'$ zu $\mathbf{e}$ beschreiben. Man nennt diese Winkel auch *Eulerwinkel*.

Mit dieser Basistransformation kann jeder Vektor in einem der beiden Basissysteme dargestellt werden:

$$\mathbf{r} = \underline{r}^T\mathbf{e} = \underline{r}^T\underline{\underline{D}}^T\mathbf{e}'.$$

Die Koeffizienten von $\mathbf{r}$ sind also

in $\mathbf{e} : \underline{r}$

in $\mathbf{e}' : \underline{\underline{D}}\underline{r}$

Die Zeitableitung eines Vektors $\mathbf{r}$ im Basissystem $\mathbf{e}'$ muß nun berücksichtigen, daß die Basisvektoren $\mathbf{e}'$ durch die Drehungen nicht mehr zeitkonstant sind:

$$\dot{\mathbf{r}} = \underline{\dot{r}}^T\mathbf{e}' + \underline{r}^T\dot{\mathbf{e}}' = \underline{\dot{r}}^T\mathbf{e}' + \underline{r}^T\underline{\underline{\dot{D}}}\mathbf{e} = \underline{\dot{r}}^T\mathbf{e}' + \underline{r}^T\underline{\underline{\dot{D}}}\,\underline{\underline{D}}^T\mathbf{e}'.$$

Das hier auftretende Matrizenprodukt führt immer zu einer schiefsymmetrischen Matrix

$$\dot{\mathbf{r}} = \underline{\dot{r}}^T\mathbf{e}' + \underline{r}^T\dot{\mathbf{e}}' = \underline{\dot{r}}^T\mathbf{e}' + \underline{r}^T\begin{pmatrix} 0 & \omega_z & -\omega_y \\ -\omega_z & 0 & \omega_x \\ \omega_y & -\omega_x & 0 \end{pmatrix}\mathbf{e}',$$

die – vgl. [2, Kapitel 3] – das Kreuzprodukt eines Vektors $\mathbf{w}$ mit dem Vektor $\mathbf{r}$ beschreibt:

$$\dot{\mathbf{r}} = \underline{\dot{r}}^T \underline{\mathbf{e}}' + (\underline{\omega}^T \underline{\mathbf{e}}') \times (\underline{r}^T \underline{\mathbf{e}}') \,.$$

Der Vektor $\boldsymbol{\omega}$ ist der Vektor der Winkelgeschwindigkeit des Systems $\underline{\mathbf{e}}'$ gegenüber dem System $\underline{\mathbf{e}}$.

Der Term auf der linken Seite ist die (totale) Zeitableitung eines Vektors. Der erste Term auf der rechten Seite ist die relative Zeitableitung des Vektors, die wir mit einem Stern kennzeichnen. Diese abgeleiteten Koeffizienten geben die Geschwindigkeit des Punktes $\mathbf{r}$ von einem im System $\underline{\mathbf{e}}'$ mitbewegten Beobachter wieder.

In der Literatur schreibt man diese Zeitableitungen in der Form (sog. *Eulersche Geschwindigkeitsformel*)

$$\dot{\mathbf{r}} = \mathbf{r}^* + \boldsymbol{\omega} \times \mathbf{r}$$

und nennt die Ableitung $(.)^*$ Zeitableitung im mitbewegten System.

Anmerkung:

Der Winkelgeschwindigkeitsvektor $\boldsymbol{\omega}$ ist im mitbewegten System gegeben. Die totale Zeitableitung dieses Vektors ist gemäß der Eulerformel

$$\dot{\boldsymbol{\omega}} = \boldsymbol{\omega}^* + \boldsymbol{\omega} \times \boldsymbol{\omega} = \boldsymbol{\omega}^* \,.$$

Für diesen Vektor sind totale und relative Zeitableitung gleich!

Mit

$$\mathbf{r}_P = \mathbf{r}_{OO'} + \mathbf{r}_m$$

und $\mathbf{r}_P'^{**} = \underline{\ddot{r}}'_P \underline{\mathbf{e}}'$ ist die Beschleunigung:

$$\ddot{\mathbf{r}}_P = \ddot{\mathbf{r}}_{OO'} + \ddot{\mathbf{r}}_m$$

$$\underbrace{\ddot{\mathbf{r}}_P}_{\mathbf{a}_A} = \underbrace{\ddot{\mathbf{r}}_{OO'} + \dot{\boldsymbol{\omega}} \times \mathbf{r}_m + \boldsymbol{\omega} \times (\boldsymbol{\omega} \times \mathbf{r}_m)}_{\mathbf{a}_F} + \underbrace{\mathbf{r}_m^{**}}_{\mathbf{a}_R} + \underbrace{2\boldsymbol{\omega} \times \mathbf{r}_m^*}_{\mathbf{a}_C}$$

Man nennt a_A die *Absolutbeschleunigung* des Punktes P. Diese teilt sich additiv auf in

- *Führungsbeschleunigung* a_F ,

  – das ist die Beschleunigung, die der Punkt P hätte, wenn er mit dem System $\underline{e}'$ fest verbunden wäre –

- *Relativbeschleunigung* a_R ,

  – das ist die Beschleunigung des Punktes P relativ zum System $\underline{e}'$ –

- *Coriolisbeschleunigung* a_C ,

  – diese Beschleunigung tritt nur bei Rotation des mitbewegten Systems $\underline{e}'$ auf und wenn zusätzlich der Punkt P eine Relativgeschwindigkeit in $\underline{e}'$ besitzt, die nicht parallel zum Winkelgeschwindigkeitsvektor $\boldsymbol{\omega}$ ausgerichtet ist.

14 Kinetik eines Massenpunktes

Im 13. Kapitel haben wir die Kinematik eines Punktes untersucht, ohne danach zu fragen, warum der Punkt die betrachtete Bahn im Raum beschreibt. Die Kinetik beschäftigt sich genau mit dieser Frage. Was sind die Ursachen für die Bewegungen? Ausgangspunkt der Kinetik sind die 1687 von Newton aufgestellten und nach ihm benannten Gesetze, die bis heute unverändert als Grundlage der Dynamik gelten.

14.1 Die Newtonschen Gesetze

Newton stellte die Summe aller experimentellen Erfahrungen seiner Zeit zusammen in drei Gesetzen. Diese haben axiomatischen Charakter. Sie lassen sich nicht beweisen. Alle aus ihnen abgeleiteten Ergebnisse haben sich für technische Belange bis heute als korrekt erwiesen. In diesem Sinn sind die Newtonschen Gesetze offenbar eine phantastisch gute Näherung für das dynamische Geschehen in der Natur.

Die Anfang dieses Jahrhunderts entwickelte Relativitätstheorie hat allerdings diesen approximativen Charakter der Newtonschen Gesetze dahingehend spezifiziert, daß nur für Geschwindigkeiten weit unter der Lichtgeschwindigkeit die Aussagen dieser Gesetze hinreichend genau sind.

1. Newtonsches Gesetz (Galileisches Trägheitsgesetz)
Ein *kräftefreier Körper* beharrt im Zustand der Ruhe oder der gleichförmig[1], geradlinigen Bewegung.

$$v = \dot{r} = \mathbf{C} \; (konstant).$$

---

1 gleichförmig: konstante Bahngeschwindigkeit ($\dot{s} = const.$)

2. Newtonsches Gesetz

Die zeitliche Änderung der Bewegungsgröße $m\mathbf{v}$ ist gleich der wirkenden Kraft

$$\frac{\mathrm{d}}{\mathrm{d}t}\,(m\mathbf{v}) = \mathbf{F}\,.$$

Wenn die Masse m konstant bezüglich der Zeit ist, so folgt hieraus die bekannte Darstellung

$$m\mathbf{a} = \mathbf{F}\,,$$

(„Masse mal Beschleunigung = Kraft").

3. Newtonsches Gesetz (Reaktionsprinzip)

actio = reactio.

(„Zu jeder Kraft gibt es eine Gegenkraft.")

Anmerkung:

Eine der wohl größten Leistungen in der Mechanik ist das schon von Galilei formulierte Trägheitsgesetz (1. Newtonsches Gesetz). Man bedenke, daß solche kräftefreien Bewegungen nirgendwo auf der Erde realisiert werden können.

Die wesentliche Bedeutung dieses Gesetzes ist die Aussage über die *Existenz* von Koordinatensystemen, in denen ein kräftefreier Körper ruht oder sich gleichförmig, geradlinig bewegt. Man nennt solche Bezugssysteme *Inertialsysteme*. Inertialsysteme sind Koordinatensysteme, deren Basisvektoren nicht zeitabhängig sind und die sich zueinander höchstens mit konstanter Geschwindigkeit bewegen können (siehe Kapitel 13).

Gegeben sei ein Massenpunkt, an dem keine Kräfte angreifen. Nach dem 2. Newtonschen Gesetz gilt dann

$$m\mathbf{a} = m\ddot{\mathbf{r}} = \mathbf{0}\,.$$

Hieraus folgt, daß die Geschwindigkeit konstant ist:

$$m\dot{\mathbf{r}} = \mathbf{C} \longrightarrow \dot{\mathbf{r}} = \mathbf{v} = \frac{\mathbf{C}}{m}\,.$$

Das 2. Newtonsche Gesetz enthält also das 1. Newtonsche Gesetz.

Anmerkung:

Das 3. Newtonsche Gesetz kennen wir schon aus der Statik (siehe [2, Kapitel 5.2, Axiom 6]). Es scheint universell gültig zu sein.

Aus dem 2. Newtonschen Gesetz

$$m\ddot{\mathbf{r}} = \mathbf{F}$$

liest man für die Dimension der Kraft ab

$$\dim m \cdot \dim \ddot{\mathbf{r}} = \dim \mathbf{F} \, ,$$

also

$$\text{Dimension Kraft}: \frac{\text{Masse} \cdot \text{Länge}}{\text{Zeit}^2}$$

$$\text{Einheit}: 1\left[\frac{\text{kg} \cdot \text{m}}{\text{s}^2}\right] = 1[\text{N}](1 \text{ Newton})$$

Die Einheit der Kraft, Newton, haben wir in der Statik schon angegeben. Die Verbindung zu den Grundeinheiten kg, m und s wird durch das 2. Newtonsche Gesetz geliefert.

Betrachtet man einen Massenpunkt mit der Masse m, an dem Kräfte angreifen, dann erhält man mit dem 2. Newtonschen Gesetz die sogenannten *Bewegungsgleichungen* dieses Massenpunktes.

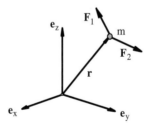

Aus der Zeichnung folgt, daß am Massenpunkt die Kräfte $\mathbf{F}_1$ und $\mathbf{F}_2$ angreifen. Man erhält:

$$m\ddot{\mathbf{r}} = \sum_i \mathbf{F}_i$$

$$m\ddot{\mathbf{r}} = \mathbf{F}_1 + \mathbf{F}_2 \, .$$

67

In Komponentenschreibweise liefert diese Vektorgleichung

$$m\frac{\mathrm{d}^2}{\mathrm{d}t^2}\left\{(x(t),y(t),z(t))\begin{pmatrix}\mathbf{e}_x\\\mathbf{e}_y\\\mathbf{e}_z\end{pmatrix}\right\}=\sum_{i=1}^{2}\left\{(F_{xi},F_{yi},F_{zi})\begin{pmatrix}\mathbf{e}_x\\\mathbf{e}_y\\\mathbf{e}_z\end{pmatrix}\right\}.$$

Wenn die kartesische Basis ein Inertialsystem ist (d. h. $\frac{\mathrm{d}^2}{\mathrm{d}t^2}\mathbf{e}_i = 0$), dann folgen hieraus die drei Komponentengleichungen

$$m\ddot{x} = \sum_i F_{xi}\,,$$

$$m\ddot{y} = \sum_i F_{yi}\,,$$

$$m\ddot{z} = \sum_i F_{zi}\,.$$

Damit läßt sich mit den Techniken des 13. Kapitels die Bahn des Massenpunktes bestimmen, wenn man weiß, was für Kräfte am Massenpunkt angreifen.

Die nächsten Abschnitte beschreiben die am häufigsten auftretenden Kräfte in der Mechanik.

14.2 Schwerkraft

Gemäß den Galileischen Beobachtungen bewirkt die Schwerkraft der Erde ein „Fallen" der Körper. Dies ist zurückzuführen auf die Gewichtskraft, der jeder Körper im Erdschwerefeld unterliegt.

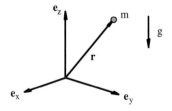

Die Gewichtskraft $\mathbf{G}$ ist senkrecht nach unten gerichtet.

$$\mathbf{G} = (0\,,0\,,-mg)\begin{pmatrix}\mathbf{e}_x\\\mathbf{e}_y\\\mathbf{e}_z\end{pmatrix},g = 9{,}81\,^{\mathrm{m}}/\mathrm{s}^2\,.$$

In Skizzen wie oben trägt man häufig nicht die Gewichtskraft selbst ein, sondern nur die Richtung der Erdbeschleunigung g. Das hat den Vorteil, das man bei Systemskizzen mit mehr als einem Massenpunkt nicht überall die Gewichtskraftpfeile antragen muß. Die resultierenden Bewegungsgleichungen des Massenpunktes sind

$$m\ddot{\mathbf{r}} = \mathbf{G}\,.$$

Wenn das Basissystem ein Inertialsystem ist, lauten die Bewegungsgleichungen in Koordinatenschreibweise:

$$m\ddot{x} = 0\,,$$
$$m\ddot{y} = 0\,,$$
$$m\ddot{z} = -mg\,.$$

Dies sind drei Gleichungen vom Typ $\mathbf{a} = \mathbf{a}(t)$ (siehe Kapitel 13), da sich die Masse in den Gleichungen herauskürzt.

Anmerkung:

Die Gewichtskraft ist proportional der Erdbeschleunigung g. Die Proportionalitätskonstante ist die Masse m. Das ist das Resultat der Beobachtung, daß alle Körper gleich schnell fallen, wenn man andere Kräfte (z. B. Luftwiderstand) ausschließt. Die Proportionalitätskonstante charakterisiert die Eigenschaft der Masse, schwer zu sein. Man nennt diese Proportionalitätskonstante darum auch *schwere Masse*. Die Proportionalitätskonstante m im 2. Newtonschen Gesetz charakterisiert die Eigenschaft der Masse, träge zu sein, sich der Bewegungsänderung durch Kräfte zu widersetzen. Diese Proportionalitätskonstante nennt man darum auch *träge Masse*. Nach Galilei sind träge Masse und schwere Masse gleich. Es gibt Arbeiten in der neueren Literatur, die aussagen, daß dies nur eine gute Näherung ist. Wir gehen darauf hier nicht weiter ein. Für alle Anwendungen werden für uns träge und schwere Masse gleich sein.

Beispiel 14.1

Ein Golfspieler schlägt einen Golfball von 30 g Masse 120 m weit. Der Abschlagwinkel beträgt $45°$. Mit welcher Geschwindigkeit verläßt der Ball den Golfschläger und welche maximale Höhe h erreicht der Ball? Luftwiderstandskräfte seien vernachlässigbar klein.

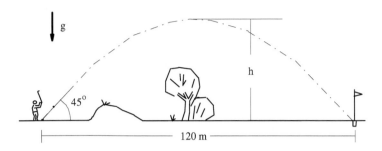

Bild 14.1. Flugbahn eines Golfballs nach dem Abschlag

Lösung:

Zunächst wird ein Koordinatensystem in den Golfspieler gelegt, der Ursprungspunkt ist der Abschlagort des Golfballes.

Die z–Achse zeige vertikal nach oben, die x–Achse in Abschlagrichtung. Die y–Richtung braucht hier nicht weiter untersucht werden. Die Anfangswerte zum Zeitpunkt $t_0 = 0$ sind:

$$x(t_0) = 0, \qquad \dot{x}(t_0) = v_x = v\cos(45°),$$
$$z(t_0) = 0, \qquad \dot{z}(t_0) = v_z = v\sin(45°).$$

Die Bewegungsgleichungen lauten

$$m\ddot{x} = 0,$$
$$m\ddot{z} = -mg.$$

Mit den obigen Anfangsbedingungen berechnet sich die Lösung dieser Gleichungen zu

$$x = v_x t,$$
$$z = -\frac{1}{2}gt^2 + v_z t.$$

Da der Ball 120 m weit fliegt, gibt es einen Zeitpunkt t^* mit

$$x(t^*) = 120\,\text{m} \quad \longrightarrow \quad t^* = \frac{120\,\text{m}}{v_x}.$$

Zu diesem Zeitpunkt ist auch z–Komponente wieder gleich Null:

$$z(t^*) = 0 \quad \longrightarrow \quad -\frac{1}{2}gt^{*2} + v_z t^* = 0.$$

Diese Gleichung liefert für t^*

$$t^* = 2\frac{v_z}{g}.$$

Hieraus berechnet sich

$$v_z = \frac{g}{2}\frac{120\,\text{m}}{v_x}$$

bzw.

$$v = \sqrt{\frac{g \cdot 120\,\text{m}}{2\sin 45° \cos 45°}} = \sqrt{\frac{9{,}81\,\text{m/s}^2 \cdot 60\,\text{m}}{\frac{1}{2}}} = 34{,}31\,\text{m/s} = 123{,}52\,\text{km/h}$$

Die größte Höhe hat der Ball bei

$$\dot{z}(t_h) = 0 \rightarrow t_h = \frac{v_z}{g} = \frac{t^*}{2}.$$

Für diesen Zeitpunkt liefert die Gleichung $z = z(t)$

$$h = 30\,\text{m}.$$

Anmerkung:

Man beachte, daß das Gewicht des Golfballs nirgendwo in die obige Rechnung einging. Das Gewicht des Golfballs ist aber entscheidend für die Kraft, die der Golfspieler aufbringen muß, um dem Ball die Anfangsgeschwindigkeit v mitzugeben.

14.3 Zwangskräfte

Zwangskräfte sind Kräfte in einem System, die bestimmte geometrische Verhältnisse festhalten, unabhängig von anderen Kräften im System. Man nennt *Zwangskräfte* auch *Führungskräfte* oder *Reaktionskräfte*. Zwangskräfte reagieren auf die übrigen Kräfte gerade so, daß die ihnen zugehörige geometrische Bedingung immer eingehalten wird.

Wir kennen schon Zwangskräfte. Alle Lagerkräfte in der Statik sind Zwangskräfte.

Beispiel 14.2

Gegeben sei ein Massenpunkt, der auf einer glatten schiefen Ebene im Erdschwerefeld heruntergleitet.

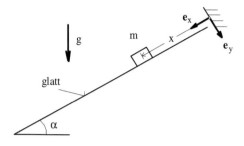

Bild 14.2. Masse m auf einer glatten schiefen Ebene im Erdschwerefeld

Lösung:

Freischneiden des Klotzes macht die Kräfte sichtbar. Man erinnere sich an die Axiome der Statik: Zwischen glatten Körpern können keine Tangentialkräfte auftreten.

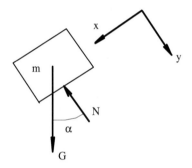

Nach dem 2. Newtonschen Gesetz gilt

$$m\ddot{x} = \sum F_{xi} = G\sin\alpha$$

$$m\ddot{y} = \sum F_{yi} = G\cos\alpha - N$$

Hierin ist N eine Zwangskraft, die zu jedem Zeitpunkt die Lage $y = 0$ im System erzwingt.

Man hat in den obigen 2 Gleichungen 3 Unbekannte: x, y, und N. Eine dritte Gleichung ist die geometrische (bzw. kinematische) Bedingung $y \equiv 0$.

Man berechnet damit als Lösung dieser Aufgabe:

$$\ddot{x} = g\sin\alpha$$

$$y \equiv 0$$

$$N = mg\cos\alpha$$

Im Gegensatz zu einer Zwangskraft ist die Gewichtskraft eine Kraft, die unabhängig von den übrigen Kräften im System eine bestimmte Richtung und einen bestimmten Betrag hat. Man nennt solche Kräfte *eingeprägte Kräfte*. Mit dieser Unterscheidung der möglichen Kräfte in einem System (Zwangskräfte und eingeprägte Kräfte) wird häufig das 2. Newtonsche Gesetz in der Form

$$m\ddot{\mathbf{r}} = \mathbf{F}^{(e)} + \mathbf{F}^{(z)}$$

geschrieben. Man beachte, daß die (zeitunabhängigen) Zwangskräfte immer senkrecht zu der Bahn eines Systems stehen.

Anmerkung: (**für mathematisch Interessierte**)

Jeder Zwangskraft ist eine Bindungsgleichung (kinematische Beziehung) für die Koordinaten des Systems zugeordnet. Die Bindungsgleichung stellt eine $(n-1)$–dimensionale Fläche im n–dimensionalen Raum der Koordinaten des Systems dar. Die Zwangskraft steht senkrecht auf dieser Fläche.

Erinnern Sie sich noch? Im letzten Semester haben wir eine Gartenschaukel konstruiert. Dabei wurde ein Holzbalken als Kragbalken in die Garagenwand eingebaut.

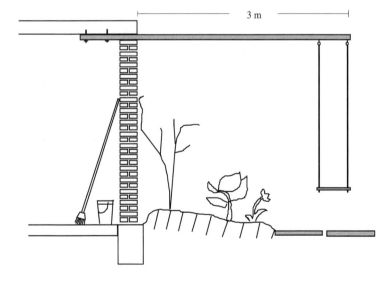

Bild 14.3. Die Gartenschaukel als Kragbalken an der Garagenwand aus [2]

Wir haben damals ein sehr hohes Gewicht angesetzt, daß die Schaukel zu tragen hatte. Der Grund liegt darin, daß durch dynamische Kräfte eine wesentlich höhere Belastung der Schaukel auftreten kann als die statische Vorlast, das Gewicht der Schaukelnden, vermuten läßt. Dies können wir jetzt präzisieren.

Wir nehmen der Einfachheit halber an, das Sie auf dem Schaukelbrett ein Massenpunkt sind und fragen nach den Seilkräften der Schaukel. Hier bieten sich Polarkoordinaten an, deren Ursprungspunkt in der Seilaufhängung am Holzbalken liegt.

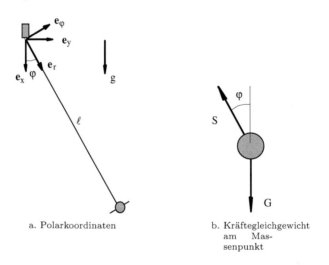

a. Polarkoordinaten

b. Kräftegleichgewicht am Massenpunkt

Zunächst muß der Massenpunkt freigeschnitten werden. An ihm greifen die Gewichtskraft und die Seilkraft an. Die Seilkraft ist eine Zwangskraft, die den Abstand vom Koordinatenursprungspunkt konstant auf ℓ hält.

Das 2. Newtonsche Gesetz liefert

$$m\ddot{\mathbf{r}} = \mathbf{F}^{(e)} + \mathbf{F}^{(z)} \,.$$

Da die Basisvektoren der Polarkoordinaten zeitabhängig sind, müssen sie mitdifferenziert werden. In Kapitel 13 hatten wir gefunden:

$$m\ddot{\mathbf{r}} = m(\ddot{r} - r\omega^2)\mathbf{e}_r + m(r\dot{\omega} + 2\dot{r}\dot{\omega})\mathbf{e}_\varphi \,.$$

Um die Bewegungsgleichungen vollständig in Polarkoordinaten angeben zu können, müssen auch die Kräfte in Polarkoordinaten dargestellt werden.

$$\mathbf{F}^{(e)} + \mathbf{F}^{(z)} = (G\cos\varphi - S)\mathbf{e}_r - G\sin\varphi\,\mathbf{e}_\varphi \,.$$

Damit hat man schließlich die Bewegungsgleichungen

$\mathbf{e}_r:$
$$m(\ddot{r} - r\omega^2) = G\cos\varphi - S$$
$\mathbf{e}_\varphi:$
$$m(r\dot{\omega} + 2\dot{r}\omega) = -G\sin\varphi$$

Die Unbekannten sind r, φ und S. Für die Zwangskraft hat man noch eine Gleichung

$$r = \ell\,.$$

Die Bewegungsgleichungen vereinfachen sich hiermit erheblich:

$\mathbf{e}_r:$
$$-m\ell\omega^2 = G\cos\varphi - S$$
$\mathbf{e}_\varphi:$
$$m\ell\dot{\omega} = -G\sin\varphi$$

Aus der zweiten Gleichung erhält man die als Pendelgleichung bezeichnete Beziehung

$$\ddot{\varphi} + \frac{g}{\ell}\sin\varphi = 0\,.$$

Mit der Trennung der Veränderlichen nach Kapitel 13 für die allgemeine Beziehung $a = a(x)$ wird hieraus

$$\frac{1}{2}\dot{\varphi}^2 = \frac{g}{\ell}\cos\varphi + C_1\,,$$

wie man durch Differenzieren und anschließender Division durch $\dot{\varphi}$ nachprüfen kann. Nimmt man an, daß Sie so heftig schaukeln, daß am Schaukelumkehrpunkt (dort ist $\omega = 0$) die Auslenkung der Schaukel 90° beträgt, so berechnet sich die Integrationskonstante C_1 zu Null. Die Bewegungsgleichung in $\mathbf{e}_r$–Richtung liefert

$$-\dot{\varphi}^2 = \frac{g}{\ell}\cos\varphi - \frac{S}{m\ell}\,.$$

Mit den beiden letzten Gleichungen läßt sich die Seilkraft berechnen:

$$S = 3mg\cos\varphi\,.$$

Sie ist also für $\varphi = 0$ dreimal so groß, wie die Belastung durch die Gewichtskraft, wenn Sie ohne zu schaukeln nur auf dem Schaukelbrett sitzen!

14.4 Widerstandskräfte

Widerstandskräfte sind Kräfte, die der Bewegung entgegengerichtet sind und diese zu behindern suchen. Es gibt viele solcher Kräfte. Wir werden die drei bekanntesten Kräfte hier untersuchen, die Reibung, die viskose Dämpfung und den Luftwiderstand.

Die *Reibung* ist eine allgegenwärtige Widerstandskraft. Sie ist bis heute ursächlich nicht verstanden. Es lassen sich mit einfachen Grundexperimenten erste Eigenschaften der Reibung kennzeichnen.

Eine Masse m liegt im Erdschwerefeld auf einer Ebene. An dieser Masse m greift eine Kraft F an, die die Masse verschieben will. Man beobachtet:

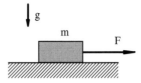

Die Kraft F muß eine bestimmte Mindestgröße haben, damit die Masse sich überhaupt bewegt. Für Kräfte unterhalb dieser kritischen Kraft F_{krit} bleibt der Block liegen. Man sagt, der Block *haftet* auf dem Untergrund.

Diese kritische Kraft hängt nicht von der geometrischen Größe der Kontaktfläche ab.

Wenn man den Block mal hochkant oder mal flach hinlegt, so ist in beiden Fällen die kritische Kraft F_{krit} zum Losreißen des Blockes gleich groß.

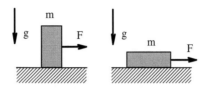

Die kritische Kraft scheint nur vom Gewicht des Körpers abzuhängen.

Die kritische Kraft ist bei den drei übereinander gelegten Blöcken (jeweils der Masse m) 3 mal so groß wie die kritische Kraft bei einem Block der Masse m.

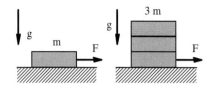

Die Reibung besteht also aus zwei Phasen. Bei Kräften F kleiner der kritischen Last haftet der Block auf der Unterlage. Die Reibungskraft ist in diesem Fall eine Zwangskraft, die den Ort der Masse festhält. Diese Phase der Reibung nennt man *Haftung*. In der Literatur findet man auch den Begriff *Haftreibung*. Haftung ist ein Problem der Statik.

Zur Charakterisierung der kritischen Kraft kann man einen Block der Masse m auf eine rauhe, schiefe Ebene legen, dessen Winkel man kontinuierlich verstellen kann.

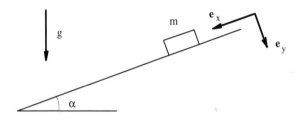

Wenn man den Block freischneidet, so wird offensichtlich eine (Zwangs-)Kraft H sichtbar, die dafür sorgt, daß der Block liegen bleibt.

Das statische Gleichgewicht in $x-$ und y–Richtung liefert

$$\sum F_x = 0 \ : \qquad -H + G\sin\alpha = 0$$
$$\sum F_y = 0 \ : \qquad -N + G\cos\alpha = 0$$

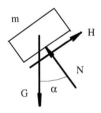

Bild 14.4. Kräftegleichgewicht an der Masse m

Die Elimination von G führt auf die Beziehung

$$H = \tan \alpha N \,.$$

Je größer der Winkel α wird, umso größer ist die notwendige Haftkraft, um den Körper festzuhalten. Offenbar gibt es einen Grenzwinkel α_0, bei dem das Maximum der Haftkraft erreicht wird.

$$H_{\max} = \tan \alpha_0 N = \mu_H N \,.$$

Man nennt μ_H *Haftkoeffizient*.

Bei noch größeren Winkeln fängt der Block an zu gleiten. Die Reibung bewirkt eine Kraft, die entgegen der Geschwindigkeitsrichtung wirkt. Diese sogenannte *Gleitkraft* ist proportional der Normalkraft und unabhängig von der Relativgeschwindigkeit der beiden Oberflächen zueinander und ist im Gegensatz zur Haftkraft eine eingeprägte Kraft. Die Gleitkraft ist

$$R = \mu N \operatorname{sign}(v_{\mathrm{rel}}) \,.$$

Man nennt μ den *Gleitreibungskoeffizienten*. Haft- und Gleitreibungskoeffizient hängen von der Oberflächenbeschaffenheit der sich berührenden Körper und der Materialpaarung ab.

Man nennt diese Beschreibung der Reibung auch *Coulombsches Gesetz*:

Haftkraft:	$H \leqslant H_{\max} = \mu_H N$	(Zwangskraft)
Gleitreibungskraft:	$-\mu N \operatorname{sign}(v_{\mathrm{rel}}) = R$	(Eingeprägte Kraft)

Die Natur der Reibkoeffizienten ist noch nicht verstanden. Messungen für μ in Abhängigkeit der Relativgeschwindigkeit zeigen etwa das folgende Bild.

Typisches Bild einer Messung der Reibkoeffizienten über der Relativgeschwindigkeit für eine fest gewählte Materialpaarung.

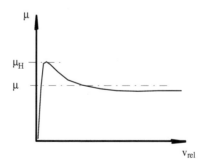

Für technische Anwendungen ist aber das Coulombsche Gesetz mit festen Werten μ_H und μ für diese Koeffizienten eine gute Näherung. Diese Koeffizienten findet man in Tabellenwerken für unterschiedliche Materialien aufgelistet.

Anmerkung:

> Im Gegensatz zu glatten Oberflächen sind Oberflächen, die Reibkräfte aufbauen können, rauh. In Skizzen werden sie üblicherweise gekennzeichnet mit dem Gleitkoeffizienten μ.

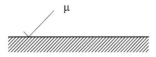

Beispiel 14.3

> Gegeben sei eine rauhe, schiefe Ebene, auf der eine Masse m mit einer Anfangsgeschwindigkeit v heruntergleitet. Gesucht sind die Bewegungsgleichungen der Masse.

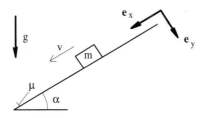

Lösung:

Freischneiden der Masse liefert:

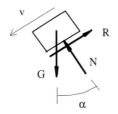

79

Man beachte, daß die Reibkraft R die Bewegung zu behindern sucht, also entgegen der Geschwindigkeitsrichtung wirkt. Nach dem 2. Newtonschen Gesetz sind die Bewegungsgleichungen

$$m\ddot{x} = \sum F_x = G \sin\alpha - R$$
$$m\ddot{y} = \sum F_y = G \cos\alpha - N$$

Man hat in diesen beiden Gleichungen 4 Unbekannte, x, y, R und N. N ist eine Zwangskraft, die die Bedingung

$$y \equiv 0$$

halten will. Für die Reibkraft R beim Hinabgleiten gilt das Coulombsche Gesetz

$$R = \mu N sign(v) = \mu N\,.$$

Damit hat man die 2 fehlenden Gleichungen gefunden. Für die Normalkraft N folgt

$$N = G \cos\alpha\,.$$

Einsetzen der Reibkraft in die Bewegungsgleichung für x liefert schließlich

$$m\ddot{x} = G(\sin\alpha - \mu \cos\alpha)\,,$$
$$\ddot{x} = g \cos\alpha(\tan\alpha - \mu)\,.$$

Für $\tan\alpha < \mu$ ist die Beschleunigung negativ. Die Geschwindigkeit der Masse wird also kleiner. Ab dem Zeitpunkt t^*, bei der die Geschwindigkeit der Masse gleich Null wird, wird die Masse nicht nach „oben" beschleunigt, wie die Gleichungen formal auszusagen scheinen. Ab diesem Zeitpunkt gelten die Gleichungen nicht mehr! Man muß dann nachsehen, ob die Masse haften bleibt. (Neues Schnittbild!).

Eine andere Form der Widerstandskraft ist die sogenannte *viskose Dämpfung*. Sie ist eine Kraft, deren Größe proportional zu der Geschwindigkeit ist und deren Richtung entgegengesetzt zu der Geschwindigkeit der Masse wirkt.

Das klassische Experiment, bei der man diese Kraft beobachten kann, ist eine Kugel in einem ölgefüllten Glas, die mit kleiner Geschwindigkeit im Erdschwerefeld nach unten sinkt.

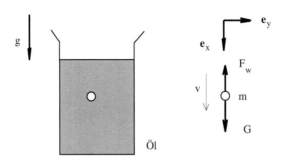

Bild 14.5. Eine Kugel in einem ölgefüllten Glas (links) und Kräftegleichgewicht an der Kugel (rechts)

Die *viskose Dämpfungskraft* ist

$$F_w = b\, v_{\mathrm{rel}}\,.$$

Der Koeffizient b ist eine charakteristische Größe, die üblicherweise gegeben ist. Nach dem 2. Newtonschen Gesetz lautet die Bewegungsgleichung in x–Richtung:

$$m\ddot{x} = \sum F_x = G - F_w\,,$$
$$m\ddot{x} = mg - b\dot{x}\,.$$

Technisch wird diese Widerstandskraft durch Dämpfer realisiert, wie sie etwa als Stoßdämpfer in Fahrzeugen eingebaut sind. Für solche Dämpfer hat sich das folgende Symbol eingebürgert.

Anmerkung:

Der Fall der Kugel in einem ölgefüllten Glas ist in der Mitte des vorherigen Jahrhunderts von Stokes untersucht worden, der auch eine explizite Formel für den Koeffizienten b bei diesem Experiment angegeben hat.

Eine solche geschwindigkeitsproportionale Dämpfungskraft tritt nur bei relativ kleinen Geschwindigkeiten auf, bei denen die Flüssigkeit die Kugel laminar umströmt. Bei turbulenten Strömungen ist die Widerstandskraft proportional dem Geschwindigkeitsquadrat.

Insbesondere in der Luft bewegte Körper erfahren durch den Widerstand der Luft eine Widerstandskraft, die proportional dem Quadrat der (Relativ-)Geschwindigkeit ist. Dieser Typ von Widerstandskraft wird darum häufig auch *Luftwiderstand* genannt.

> Die *Luftwiderstandskraft* hat die Form
>
> $$F_L = k v_{\text{rel}}^2 \, \text{sign}(v_{\text{rel}}) \,.$$

Hierin ist k eine im allgemeinen gegebene Konstante.

Anmerkung:

Insbesondere der Luftwiderstand ist für Fahrzeuge die wesentliche Widerstandskraft, die sie bei höheren Geschwindigkeiten überwinden müssen. Der Koeffizient k hat die Gestalt

$$k = c_w \frac{\rho}{2} A_s \,.$$

Hierin ist A_s die in Fahrtrichtung sichtbare Fläche des Fahrzeuges, ρ die Dichte der Luft und c_w ein für die Fahrzeugform charakteristischer Wert („cw–Wert"), der für moderne PKW etwa bei $c_w = 0{,}4$ liegt.

Beispiel 14.4

Gegeben sei ein Fahrzeug, das mit konstanter Kraft F vorwärts bewegt wird. Das Fahrzeug unterliegt dem Luftwiderstand. Man stelle die Bewegungsgleichungen auf und berechne die Endgeschwindigkeit des Wagens.

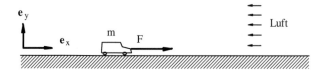

Lösung:

Nach Newton gilt

$$m\ddot{x} = F - F_w \,,$$
$$m\ddot{x} = F - k\dot{x}^2 \,.$$

Wenn der Wagen eine sehr kleine Geschwindigkeit hat, dann ist sicher

$$F - k\dot{x}^2 > 0$$

und damit die Beschleunigung des Wagens also positiv. Der Wagen wird schneller. Wäre der Wagen so schnell, daß $F - k\dot{x}^2 < 0$ gelten würde, dann würde der Wagen abgebremst, da seine Beschleunigung negativ wäre. Es gibt also eine Grenzgeschwindigkeit, bei der die zur Verfügung stehende Vortriebskraft gerade den Luftwiderstand kompensiert:

$$F - k\dot{x}_g^2 = 0 \,.$$

Damit hat also jedes Fahrzeug in Abhängigkeit seiner Vortriebskraft eine Maximalgeschwindigkeit und zwar

$$\dot{x}_g = \sqrt{\frac{F}{k}} \,.$$

Aufgabe:

Man berechne in obigem Beispiel explizit die Geschwindigkeit in Abhängigkeit von der Zeit.

Lösung:

Mit der Trennung der Veränderlichen (siehe Kapitel 13) findet man die Lösung

$$\dot{x} = \sqrt{\frac{F}{k}} \tanh \frac{\sqrt{Fk}}{m}(t - C_1) \,.$$

Anmerkung:

Bei Fallschirmen versucht man durch geeignete Ausgestaltung des Schirmes den c_w–Wert möglichst groß zu wählen.

Auch Fallschirmspringer erfahren beim Sprung eine Grenzgeschwindigkeit, die ihr Fall nicht überschreitet. Diese Grenzgeschwindigkeit liegt in der Größenordnung von $1\,\mathrm{m/s}$.

14.5   Federkräfte

Im Gegensatz zu Widerstandskräften, die immer der Geschwindigkeit eines Körpers entgegengerichtet sind, also nur in der Kinetik wirksam sind, sind elastische Kräfte auch in der Statik wirksam. Eingeprägte, elastische Kräfte haben wir schon kennengelernt. Als allgemeines Symbol für eine Elastizität, die „Feder", verwendet man:

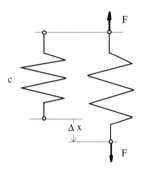

Die *Federkraft* ist

$$F = c\Delta x \, .$$

Die Konstante c heißt Federsteifigkeit.

Beispiel 14.5

Gegeben sei eine Feder mit der Federsteifigkeit c. Sie trägt eine Masse m im Erdschwerefeld. Man stelle die Bewegungsgleichungen auf.

Bild 14.6. Masse m hängend an einer Feder mit der Federsteifigeit c

Lösung:

Zunächst wird die Masse freigeschnitten.

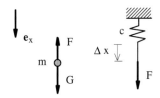

Bild 14.7. Kräftegleichgewicht

Mit dem 2. Newtonschen Gesetz gilt

$$m\ddot{x} = G - F\,,$$

bzw. nach Einsetzen der Kraftbeziehungen

$$m\ddot{x} = mg - cx\,.$$

Anmerkung:

Elastizitäten müssen nicht linear sein. In der Mechanik I und II haben wir es aber nur mit linearen Federn zu tun.

15   Grundaussagen der Kinetik

Nach den ersten Schritten des letzten Kapitels in die Kinetik stellt sich eine Reihe von Fragen. Was passiert eigentlich, wenn in einem System mehr als eine Masse vorhanden ist, oder wenn ein oder mehrere starre Körper enthalten sind? Wie kann man die Bewegungsgleichungen möglichst einfach aufstellen und wie möglichst einfach lösen?

Bevor wir uns der Frage komplexerer Systeme zuwenden, soll hier ein Verfahren beschrieben werden, mit dem die Bewegungsgleichungen besonders einfach aufgestellt werden können. Auch sollen einige Grundbegriffe wie Leistung, Energie und Arbeit erläutert werden, die die Ausdeutung von Lösungen sehr vereinfachen können.

15.1   Das Prinzip von d'Alembert

Gegeben sei ein Massenpunkt im Raum. An ihm greift eine Kraft $\mathbf{F}^*$ an. Nach dem 2. Newtonschen Gesetz gilt dann

$$m\ddot{\mathbf{r}} = \mathbf{F}^* .$$

Hierin ist $m\ddot{\mathbf{r}}$ praktisch eine Kraft, die der Kraft $\mathbf{F}^*$ die Waage hält. Dies ist der Ansatz des sogenannten *Prinzips von d'Alembert*.

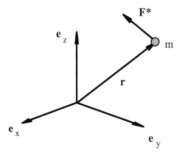

Zu einem festgehaltenen Zeitpunkt werde der Massenpunkt mit seiner Umgebung herausgeschnitten.

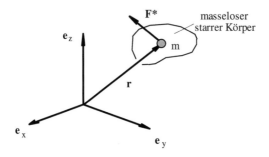

Der Massenpunkt liegt nun auf einem masselosen starren Körper. Betrachtet man diesen masselosen Körper genauer, so läßt sich auch der Massenpunkt aus diesem Körper herausschneiden.

In dem masselosen starren Körper verbleibt dann ein Loch. An diesem greift die Kraft $\mathbf{F}^*$ an und gemäß „actio gleich reactio" eine Kraft, die durch das Herausschneiden des Massenpunktes sichtbar wird. Der Massenpunkt m habe eine Beschleunigung $\mathbf{a}$. Nach dem 2. Newtonschen Gesetz bewirkt dieser Massenpunkt eine *Trägheitskraft* $\mathbf{F} = m\mathbf{a}$. Diese Kraft greift als Reaktionskraft an dem masselosen starren Körper an. Man nennt diese Kraft auch *d'Alembertsche Trägheitskraft*.

Nach dem Axiom 10 aus dem letzten Semester können wir nun das Gleichgewicht des masselosen starren Körpers zu jedem fest gewählten Zeitpunkt betrachten. Der Körper ist im Gleichgewicht genau dann, wenn gilt

$$\sum \mathbf{F} = \mathbf{0},$$

$$\sum \mathbf{M} = \mathbf{0}.$$

Die erste Gleichung führt hier auf

$$\sum \mathbf{F} = \mathbf{0} \ : \ \mathbf{F}^* - \mathbf{F} = \mathbf{0},$$

bzw. nach Einsetzen der Größe $\mathbf{F}$:

$$\mathbf{F}^* - m\mathbf{a} = \mathbf{0}.$$

Das ist genau das Ergebnis, daß das 2. Newtonsche Gesetz für den Massenpunkt geliefert hätte. Hier aber ist es das Ergebnis des statischen Gleichge-
wichtes eines masselosen starren Körpers. Die Eigenschaft, Masse zu besitzen, ist in dem Körper durch die Trägheitskräfte ersetzt worden.

Dies ist das *Prinzip von d'Alembert*. Es übersetzt die Kinetik in die
Statik. Wir kennen die Krafttypen

- Eingeprägte Kräfte $\mathbf{F}^{(e)}$,

- Zwangskräfte $\mathbf{F}^{(z)}$.

Mit den neuen Kräften, den

- Trägheitskräften $\mathbf{F}^{(t)}$,

betrachtet das d'Alembertsche Prinzip das Gleichgewicht

$$\sum \mathbf{F} = 0 : \quad \mathbf{F}^{(e)} + \mathbf{F}^{(z)} - \mathbf{F}^{(t)} = 0.$$

Praktisch wird man etwa wie folgt vorgehen.

Man trägt bei einem freigeschnittenen Massenpunkt die Kräfte an und zusätzlich entgegen der positiven Koordinatenrichtung auch die d'Alembertsche
Trägheitskräfte. Dann betrachtet man genau wie in der Statik das Gleichgewicht.

Beispiel 15.1

Gegeben sei ein Massenpunkt mit Feder und Dämpfer. Man stelle die Bewegungsgleichungen auf.

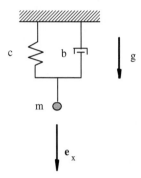

Bild 15.1. Eine Masse m an einem Feder–Dämpfer–System

Lösung:

Freischneiden des Massenpunktes nach d'Alembert liefert hier ausführlich

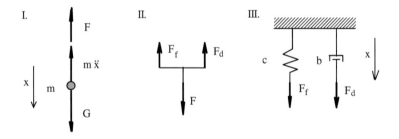

Bild 15.2. Freischneiden des Massenpunktes m

Massenpunkt:

    I. $m\ddot{x} + F = G$

Traverse:

    II. $F = F_f + F_d$

Kraftgesetze der Kraftelemente:

    III.

$$F_f = cx$$
$$F_d = b\dot{x}$$

Hieraus findet man nach Elimination die endgültige Form der Gleichungen:

$$m\ddot{x} + b\dot{x} + cx = mg \, .$$

Das Prinzip von d'Alembert liefert die Gleichungen

$$\sum \mathbf{F} = \mathbf{0} \, , \qquad\qquad \sum \mathbf{M} = \mathbf{0} \, .$$

Also werden neben den drei Kraftgleichgewichtsbeziehungen auch noch drei Momentengleichgewichte betrachtet, die ja in der Statik notwendig waren, um das Gleichgewicht eines starren Körpers zu erhalten. Hier erhalten wir mit dem Momentengleichgewicht nach dem Abschneiden des Massenpunktes die Aussage:

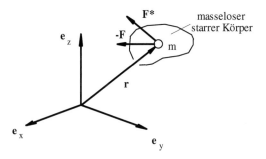

$$\sum \mathbf{M}^{(0)} = \mathbf{0} \, : \qquad\qquad \mathbf{r} \times \mathbf{F}^{*} - \mathbf{r} \times \mathbf{F} = \mathbf{0} \, ,$$

$$\mathbf{r} \times \mathbf{F}^{*} - \mathbf{r} \times m\mathbf{a} = \mathbf{0}$$

Da wir bisher nur einen Massenpunkt betrachtet haben, der durch drei Gleichungen im Raum eindeutig beschrieben wird, haben wir diese Momentengleichungen noch nicht benötigt. Sie enthalten aber Informationen, die insbesondere bei Systemen mit mehr als einem Massenpunkt und Systemen mit starren Körpern wesentlich sind.

Das Prinzip von d'Alembert gilt auch für Systeme mit mehr als einem Massenpunkt.

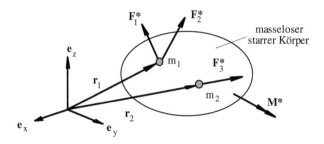

In diesem Bild sind zwei Massen des Systems berücksichtigt worden. Nach d'Alembert werden die beiden Massenpunkte aus dem masselosen starren Körper herausgeschnitten und ihre Massenwirkung durch die entsprechenden Trägheitskräfte ersetzt:

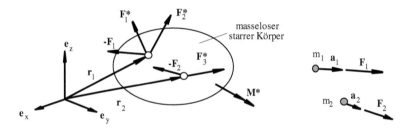

Die statischen Gleichgewichtsbeziehungen liefern hier die sechs Gleichungen:

$$\sum \mathbf{F} = \mathbf{0} \ : \qquad \sum_{i=1}^{3} \mathbf{F}_i^* - \sum_{j=1}^{2} \mathbf{F}_j = \mathbf{0} \,,$$

$$\sum \mathbf{M}^{(0)} = \mathbf{0} \ : \qquad \mathbf{r}_1 \times (\mathbf{F}_1^* + \mathbf{F}_2^*) - \mathbf{r}_1 \times \mathbf{F}_1$$
$$+ \mathbf{r}_2 \times \mathbf{F}_3^* - \mathbf{r}_2 \times \mathbf{F}_2 + \mathbf{M}^* = \mathbf{0} \,.$$

Man beachte, daß das Moment M im System in dem Momentengleichgewicht zum Tragen kommt.

Anmerkung:

Das Prinzip von d'Alembert offenbart seine wirkliche Stärke in Mehrkörpersystemen mit verwickelter Geometrie. Man kann dieses Prinzip mathematisch sehr viel allgemeiner fassen. Wir gehen an dieser Stelle nicht darauf ein.

15.2   Der Impulssatz

Gegeben sei ein Massenpunkt, an dem irgendwelche Kräfte angreifen.

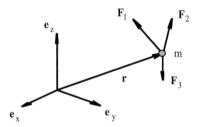

Aus dem Kraftgleichgewicht erhält man mit dem Prinzip von d'Alembert für den Massenpunkt die Gleichungen

$$m\ddot{\mathbf{r}} = \sum_i \mathbf{F}_i \,.$$

Hierfür kann man auch schreiben:

$$\frac{\mathrm{d}}{\mathrm{d}t}(m\dot{\mathbf{r}}) = \sum_i \mathbf{F}_i \,.$$

Newton nannte die Größe $m\dot{\mathbf{r}}$ Bewegungsgröße. Heute wird sie allgemein *Impuls* genannt. Die Dimension des Impulses ist $\frac{\text{Masse} \cdot \text{Weg}}{\text{Zeit}}$, die Einheit $1[^{\text{kg m}}/_{\text{s}}] = 1\,\text{Ns}$.

> Man bezeichnet die Form der Gleichungen
>
> $$\frac{\mathrm{d}}{\mathrm{d}t}(m\dot{\mathbf{r}}) = \sum_i \mathbf{F}_i$$
>
> oder
>
> $$m\dot{\mathbf{r}} = \int \left(\sum_i \mathbf{F}_i \right) \mathrm{d}t + C_1$$
>
> allgemein als *Impulssatz*.

Wenn keine Kräfte am Massenpunkt wirken, dann liefert der Impulssatz gerade das 1. Newtonsche Gesetz.

Wir werden auf den Impulssatz immer wieder zurückkommen. Er bietet Vorteile dann, wenn man es etwa mit Kräften zu tun hat, die bis auf sehr

kleine Zeitintervalle identisch Null sind, aber in diesen kleinen Zeitintervallen extrem groß sind. Solche Kräfte treten etwa beim Stoß auf. Darauf
kommen wir später zurück.

15.3 Der Drallsatz

Gegeben sei ein Massenpunkt, an dem irgendwelche Kräfte angreifen.

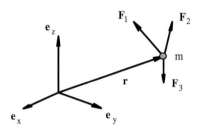

Das Prinzip von d'Alembert liefert für das Momentengleichgewicht um den
Ursprung

$$\mathbf{r} \times m\ddot{\mathbf{r}} = \mathbf{r} \times \left(\sum_i \mathbf{F}_i \right) .$$

Mit der Identität

$$\frac{\mathrm{d}}{\mathrm{d}t} \left(\mathbf{r} \times m\dot{\mathbf{r}} \right) = \dot{\mathbf{r}} \times m\dot{r} + \mathbf{r} \times m\ddot{\mathbf{r}}$$

$$= \mathbf{r} \times m\ddot{\mathbf{r}}$$

läßt sich das Momentengleichgewicht schreiben in der Form

$$\frac{\mathrm{d}}{\mathrm{d}t}(\mathbf{r} \times m\dot{\mathbf{r}}) = \mathbf{r} \times \left(\sum_i \mathbf{F}_i \right) .$$

Man bezeichnet die Größe $\mathbf{L}$ mit

$$\mathbf{L} = \mathbf{r} \times m\dot{\mathbf{r}}$$

als *Drehimpuls* oder auch als *Drallvektor*. Nach Konstruktion des Kreuzproduktes steht der Drehimpuls senkrecht auf dem Ortsvektor $\mathbf{r}$ und senkrecht auf der Geschwindigkeit $\mathbf{v}$. Die Bewegungsgleichungen in der Form

$$\frac{\mathrm{d}}{\mathrm{d}t}(\mathbf{r} \times m\dot{\mathbf{r}}) = \mathbf{r} \times \left(\sum_i \mathbf{F}_i\right)$$

oder

$$\mathbf{r} \times m\dot{\mathbf{r}} = \int \mathbf{r} \times \left(\sum_i \mathbf{F}_i\right) \mathrm{d}t + C_1$$

werden auch *Drallsatz* oder *Drehimpulssatz* genannt.

Um sich eine erste Vorstellung davon zu verschaffen, was denn nun ein Drehimpuls ist, sei als Beispiel ein Zentralkraftproblem betrachtet (siehe Kapitel 13).

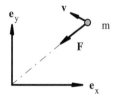

Am Massenpunkt greift eine Kraft an, die immer in Richtung des Koordinatenursprungspunktes zeigt. Diese Kraft $\mathbf{F}$ bewirkt also kein Moment um diesen Ursprung. Es gilt also

$$\dot{\mathbf{L}} = \frac{\mathrm{d}}{\mathrm{d}t}(\mathbf{r} \times m\dot{\mathbf{r}}) = \mathbf{0}\,.$$

Der Drehimpuls ist konstant.

In einem differentiell kleinen Zeitabschnitt $\mathrm{d}t$ bewegt sich die Masse um $\mathrm{d}\mathbf{r}$.

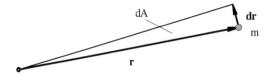

Die Fläche dA ist gleich

$$dA = \frac{1}{2}\|\mathbf{r} \times d\mathbf{r}\| = \frac{1}{2}\|\mathbf{r} \times \dot{\mathbf{r}}dt\|\,.$$

Mit dem vektoriellen Flächendifferential $d\mathbf{A}$, das den Betrag von dA und die Richtung der Flächennormalen von dA besitzt und für das gilt

$$d\mathbf{A} = \frac{1}{2}(\mathbf{r} \times \dot{\mathbf{r}}dt)\,,$$

folgt schließlich

$$\mathbf{L} = 2m\frac{d\mathbf{A}}{dt} = \text{konst}\,.$$

Der konstante Drehimpuls hat also einen Betrag, der proportional der Flächengeschwindigkeit ist. Darüber hinaus sagt die Konstanz des Drehimpulses auch aus, daß der Flächennormalenvektor in der Zeit eine konstante Richtung hat. Damit ist gezeigt, daß die Erde in einer raumfesten Ebene um die Sonne kreist.

15.4 Arbeit, Leistung und Energie

Bildet man das Skalarprodukt der Bewegungsgleichungen eines Massenpunktes m

$$m\ddot{\mathbf{r}} = \sum_i \mathbf{F}_i$$

mit der Geschwindigkeit $\dot{\mathbf{r}}$, so erhält man eine skalare Gleichung:

$$m\ddot{\mathbf{r}} \cdot \dot{\mathbf{r}} = \sum_i (\mathbf{F}_i \cdot \dot{\mathbf{r}})\,.$$

Man bezeichnet die rechte Seite als *Leistung P*. Die Leistung hat die Dimension $\frac{\text{Kraft}\cdot\text{Weg}}{\text{Zeit}}$ und die Einheit $1\,\text{Nm/s} = 1\,\text{W}$. Diese Einheit wird *Watt* genannt. Eine andere Einheit ist die Pferdestärke PS für die Leistung. Es gilt die Umrechnung

$$735\,\text{W} = 1\,\text{PS}\,.$$

Da Zwangskräfte immer senkrecht zur Bewegungsrichtung stehen, ist das Produkt von Zwangskräften mit der Geschwindigkeit gleich Null!

Beispiel 15.2

Ein Mittelklassewagen fährt 220 $^{\text{km}}/_{\text{h}}$ schnell. Wie groß ist die Leistung der Windkräfte bei dieser Geschwindigkeit, wenn der Koeffizient k des Luftwiderstandes etwa 0,25 $^{\text{kg}}/_{\text{m}}$ beträgt.

Lösung:

Die Leistung des Luftwiderstandes ist bei dieser Geschwindigkeit

$$P = F_L \cdot v = kv^3 \,.$$

Die Geschwindigkeit von 220 $^{\text{km}}/_{\text{h}}$ entspricht 61,111 $^{\text{m}}/_{\text{s}}$. Einsetzen dieser Werte liefert für die Leistung

$$P = 57,055 \,\text{kW} = 77,6 \,\text{PS} \,.$$

Das heißt, allein für den Luftwiderstand muß dieser Wagen schon eine Leistung von ca. 78 PS aufbringen. Wenn man noch die Reibung in den Lagern im Motor, den Rollwiderstand usw. berücksichtigt, dann addieren sich diese Leistungen zu insgesamt ca. 120 PS. Diese Leistung muß der (hier extrem windschlüpfrig angenommene) Wagen aufbringen, um eine Fahrgeschwindigkeit von 220 $^{\text{km}}/_{\text{h}}$ zu halten.

Bei einem Auto wird eine große PS-Zahl praktisch nur für das schnelle Fahren benötigt.

Die linke Seite der Gleichung

$$m\ddot{\mathbf{r}} \cdot \dot{\mathbf{r}} = \sum_i (\mathbf{F}_i \cdot \dot{\mathbf{r}})$$

läßt sich umformen zu

$$\frac{\mathrm{d}}{\mathrm{d}t}\left(\frac{1}{2}m\dot{\mathbf{r}}^2\right) = m\ddot{\mathbf{r}} \cdot \dot{\mathbf{r}} = \sum_i (\mathbf{F}_i \cdot \dot{\mathbf{r}}) \,.$$

Man nennt

$$\frac{1}{2}m\dot{\mathbf{r}}^2 = E_{\text{kin}}$$

die *kinetische Energie* des Massenpunktes.

Die kinetische Energie hat die Dimension Kraft × Weg und die Einheit $1\,[\text{Nm}] = 1\,[\text{J}]$. Man bezeichnet diese Einheit als Joule.

Anmerkung:

Bei vielen Nahrungsmitteln sind die Energiewerte mit angegeben. Zum Beispiel steht auf meinem Jogurtbecher:

Energiewert : $460\,\mathrm{kJ}$.

Man kann auch die rechte Seite der Gleichung

$$\frac{\mathrm{d}}{\mathrm{d}t}(\frac{1}{2}m\dot{\mathbf{r}}^2) = m\ddot{\mathbf{r}} \cdot \dot{\mathbf{r}} = \sum_i (\mathbf{F}_i \cdot \dot{\mathbf{r}}b)$$

noch vereinfachen. Mit

$$\frac{\mathrm{d}}{\mathrm{d}t}(\frac{1}{2}m\dot{\mathbf{r}}^2) = \sum_i (\mathbf{F}_i \cdot \frac{\mathrm{d}\mathbf{r}}{\mathrm{d}t})$$

erhält man

$$d(\frac{1}{2}m\dot{\mathbf{r}}^2) = \sum_i (\mathbf{F}_i \cdot \mathrm{d}\mathbf{r})$$

bzw. nach der Integration

$$(\frac{1}{2}m\dot{\mathbf{r}}^2)_1 - (\frac{1}{2}m\dot{\mathbf{r}}^2)_0 = \sum_i \int_{\mathbf{r}_0}^{\mathbf{r}_1} (\mathbf{F}_i \cdot \mathrm{d}\mathbf{r}) = W_{01} \, .$$

Mit der Bezeichnung für die kinetische Energie führt diese Gleichung auf den sogenannten *Arbeitssatz*:

$$E_{\mathrm{kin1}} - E_{\mathrm{kin0}} = W_{01} \, .$$

Man nennt W_{01} die Arbeit der Kräfte $\mathbf{F}_i$. Die Arbeit hat die gleiche Dimension und Einheit wie die kinetische Energie.

Die Aussage des Arbeitssatzes in Worten:

Die Änderung der kinetischen Energie ist gleich der Arbeit, die die Kräfte von r_0 nach r_1 leisten.

Wegen

$$\mathbf{F}^{(z)} \cdot \mathrm{d}\mathbf{r} \equiv 0$$

leisten nur eingeprägte Kräfte Arbeit:

$$W_{01} = \sum_i \int_{\mathbf{r}_0}^{\mathbf{r}_1} (\mathbf{F}_i^{(e)} \cdot \mathrm{d}\mathbf{r}) \, .$$

Anmerkung:

Wir betrachten hier nur zeitunabhängige Zwangskräfte, die wie in Kapitel 14.3 beschrieben immer senkrecht auf der Bahn des Systems stehen und somit keine Arbeit leisten.

Beispiel 15.3

Gegeben sei ein Massenpunkt, der eine rauhe, schiefe Ebene heruntergleitet. Zum Zeitpunkt $t = 0$ habe er am Ort x_0 die Geschwindigkeit v_0. Wie groß ist seine Geschwindigkeit bei x_1?

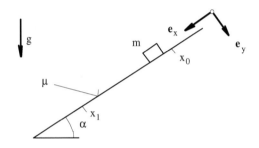

Lösung:

Freischneiden der Masse macht zunächst die Kräfte sichtbar:
Die Arbeit der Gewichtskraft ist

$$W_G = \int\limits_{x_0}^{x_1} G \sin \alpha \, dx = mg \sin \alpha (x_1 - x_0) \, .$$

Die Arbeit der Reibkraft berechnet sich zu

$$W_R = \int\limits_{x_0}^{x_1} -R \, dx = -\int\limits_{x_0}^{x_1} \mu N \, dx$$

$$= -\int\limits_{x_0}^{x_1} \mu mg \cos \alpha \, dx$$

$$= -\mu mg \cos \alpha (x_1 - x_0) \, .$$

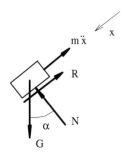

Mit dem Arbeitssatz berechnet sich damit die kinetische Energie der Masse zu

$$\frac{1}{2}mv_1^2 - \frac{1}{2}mv_0^2 = W_G + W_R$$

$$= mg(\sin\alpha - \mu\cos\alpha)(x_1 - x_0)$$

und kann nach v_1 weiter aufgelöst werden (siehe vorne!).

Die Arbeit W_{01} berechnet sich über das Integral

$$W_{01} = \int_{\mathbf{r}_0}^{\mathbf{r}_1} \mathbf{F} \cdot d\mathbf{r}\,.$$

Man nennt ein solches Integral auch Wegintegral. Es wird von der Position $\mathbf{r}_0$ bis zur Position $\mathbf{r}_1$ integriert. Ausführlich ist das Integral

$$W_{01} = \int_{\mathbf{r}_0}^{\mathbf{r}_1} \mathbf{F} \cdot d\mathbf{r} = \int_{x_0}^{x_1} F_x\,dx + \int_{y_0}^{y_1} F_y\,dy + \int_{z_0}^{z_1} F_z\,dz\,,$$

wobei die Zahlen 0 und 1 an den Grenzen jeweils die Werte der Integrationsvariablen an der oberen und unteren Grenze kennzeichnen, wenn keine Umkehrpunkte in dem betrachteten Weg sind. Das Wegintegral ist im allgemeinen wegabhängig!

Merkwürdigerweise gibt es Kräfte, bei denen das Arbeitsintegral nur von dem Anfangs- und Endpunkt des Weges abhängt, nicht aber von dem tatsächlichen Weg zwischen diesen Punkten.

Man kann sich vorstellen, daß eine Widerstandskraft bei einer Kreisbewegung, bei der Anfangs- und Endpunkt gleich sind, Energie vernichtet, und zwar um so mehr, je größer der Kreis ist. Für Widerstandskräfte ist das Wegintegral sicher nicht wegunabhängig. Solche Widerstandskräfte vernichten Energie, man sagt auch, sie zerstreuen Energie. Darum werden Widerstandskräfte auch *dissipative Kräfte* genannt.

Es gibt aber auch Kräfte, die nehmen auf der einen Hälfte der Kreisbewegung Energie auf und geben genau diese Energie auf der anderen Hälfte der Kreisbewegung wieder ab. Sie verhalten sich bei einer geschlossenen Bewegung energetisch neutral.

Die mathematische Bedingung dafür, daß das Wegintegral *wegunabhängig* ist, ist die Existenz einer „Stammfunktion" des Integrales. Mit

$$-\mathrm{d}E_{\mathrm{pot}} = F_x\,\mathrm{d}x + F_y\,\mathrm{d}y + F_z\,\mathrm{d}z$$
$$= -\frac{\partial E_{\mathrm{pot}}}{\partial x}\mathrm{d}x - \frac{\partial E_{\mathrm{pot}}}{\partial y}\mathrm{d}y - \frac{\partial E_{\mathrm{pot}}}{\partial z}\mathrm{d}z$$

(das Minuszeichen hat nur konventionelle Gründe) hat man das Differential einer solchen Stammfunktion. Es gilt dann

$$W_{01} = -E_{\mathrm{pot},1} + E_{\mathrm{pot},0}\,.$$

Damit für eine Kraft eine solche Funktion existiert – man nennt sie *Potentialfunktion* –, sind notwendig und hinreichend die folgenden Integrabilitätsbedingungen:

$$\frac{\partial F_x}{\partial y} = \frac{\partial F_y}{\partial x}\,, \qquad \frac{\partial F_y}{\partial z} = \frac{\partial F_z}{\partial y}\,, \qquad \frac{\partial F_x}{\partial z} = \frac{\partial F_z}{\partial x}\,.$$

Anmerkung:

Wenn eine Potentialfunktion existiert, dann stellen die Integrabilitätsbedingungen gerade die einfache Aussage der Vertauschbarkeit der Differentiationsreihenfolge dar:

$$-\frac{\partial^2 E_{\mathrm{pot}}}{\partial x \partial y} = \frac{\partial F_x}{\partial y} = \frac{\partial F_y}{\partial x} = -\frac{\partial^2 E_{\mathrm{pot}}}{\partial y \partial x}\,.$$

Mathematisch lassen sich diese Integrabilitätsbedingungen auch mit dem sogenannten Rotationsoperator rot darstellen:

$$\mathrm{rot}\,\mathbf{F} = \mathbf{0}\,.$$

Diese Beziehung wird in der Physik als die Eigenschaft des Kraftfeldes $\mathbf{F}$ angesehen, wirbelfrei zu sein.

Kräfte, für die eine zeitunabhängige Potentialfunktion existiert, werden *konservativ* genannt (allgemeiner: *Potentialkraft*. Alle Potentialkräfte werden hier aber zeitunabhängig und damit konservativ sein). Die Potentialfunktion selbst nennt man *potentielle Energie*.

Tabelle 15.1. Kräfte und Potentiale

Eingeprägte Kraft	Potential
Gewichtskraft : $-mg$	$E_{\text{pot}} = mgz$
Federkraft: $-c\Delta\ell$	$E_{\text{pot}} = \frac{1}{2}c\,(\Delta\ell)^2$
Reibungskraft:	kein Potential!
Dämpfungskraft:	kein Potential!
Luftwiderstandskraft:	kein Potential!

Von allen Kräften, die wir bis jetzt kennengelernt haben, sind nur die Gewichtskraft und die Federkraft konservativ.

Für einen Massenpunkt, an dem nur *konservative* Kräfte angreifen, lautet der Arbeitssatz

$$E_{\text{kin}1} + E_{\text{pot},1} - E_{\text{kin},0} - E_{\text{pot},0} = 0\,.$$

Man nennt den Arbeitssatz in dieser Form *Energiesatz* oder auch *Energieerhaltungssatz*.

Die Tabelle 15.1 faßt alle Kräfte noch einmal zusammen.

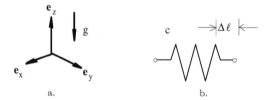

a.   b.

Beispiel 15.4

Gegeben sei eine Röhre, in der ein Ball mit einer gespannten Feder nach oben geschleudert werden kann. Die Feder habe die Federsteifigkeit c. Im Ausgangspunkt habe die Masse m die Geschwindigkeit 0 und die Feder sei um x_s gespannt.

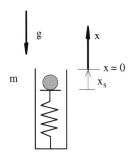

Wie hoch kommt die Masse, wenn sich die Feder entspannt?

Lösung:

Der Energiesatz lautet:

$$E_{\text{kin},1} + E_{\text{pot},1} = E_{\text{kin},0} + E_{\text{pot},0}\,.$$

Der Index 0 kennzeichnet den Ausgangszustand, der Index 1 den Endzustand, bei dem die Masse ihren höchsten Punkt erreicht. Die Energien im Ausgangszustand sind

$$E_{\text{kin},0} = 0\,,$$

da die Masse die Geschwindigkeit 0 hat,

$$E_{\text{pot},0} = \frac{1}{2}cx_s^2 - mgx_s\,.$$

Die Energien im Endzustand sind

$$E_{\text{kin},1} = 0\,,$$

da die Masse am höchsten Punkt seiner Bahn die Geschwindigkeit 0 hat,

$$E_{\text{pot},0} = mgh\,,$$

da hier nur noch die Gewichtskraft wirkt. Aus dem Energiesatz folgt damit

$$mgh = \frac{1}{2}cx_s^2 - mgx_s\,,$$

woraus sich h einfach berechnen läßt.

Im allgemeinen wird man die Arbeit von mehreren Kräften beim Arbeitssatz berücksichtigen müssen.

$$W_{01} = \sum_i \int_{\mathbf{r}_0}^{\mathbf{r}_1} \left(\mathbf{F}_i^{(e)} \cdot d\mathbf{r} \right)$$

Manche dieser Kräfte haben ein Potential, andere Kräfte nicht. Es bietet sich an, für die Kräfte, für die es möglich ist, potentielle Energien zu betrachten. Die übrigen Kräfte müssen mit dem Arbeitsintegral behandelt werden.

$$W_{01} = \sum_i \int_{\mathbf{r}_0}^{\mathbf{r}_1} (\mathbf{F}_i^{(e)} \cdot d\mathbf{r}) = -E_{\text{pot},1} + E_{\text{pot},0} + \sum_k \int_{\mathbf{r}_0}^{\mathbf{r}_1} \left(\mathbf{F}_k^{(e)} \cdot d\mathbf{r} \right)$$

In seiner allgemeinsten Form hat der *Arbeitssatz* also die Form:

$$E_{\text{kin},1} + E_{\text{pot},1} - E_{\text{kin},0} - E_{\text{pot},0} = \widetilde{W}_{01} \,,$$

dabei bezeichnet $\widetilde{W}_{01}$ die *Arbeit der Nichtpotentialkräfte*.

Man beachte, daß der Arbeitssatz immer nur *eine* skalare Gleichung für das System liefern kann.

Anmerkung:

Mit Hilfe des Prinzips von d'Alembert wird die Kinetik formal auf die Statik abgebildet. In der Statik haben wir ein allgemeines Lösungsschema kennengelernt, das hilft, Fehler zu vermeiden.

Hier sei dieses Lösungsschema unter Berücksichtigung des Prinzips von d'Alembert noch einmal angeführt.

Lösungsschema für die Statik und Dynamik der Mechanik

1.: System skizzieren, Koordinaten einführen, Bindungen und Freiheitsgrad überlegen, geometrische Beziehungen anschreiben.

2.: System aufschneiden, Schnittgrößen und d'Alembertsche Trägheitskräfte eintragen.

3.: Gleichgewichtsbeziehungen für alle Systemteile aufstellen, Randbedingungen anfügen.

(Fortsetzung)

4.: Unbekannte und Gleichungen zählen. Eventuell zusätzlich erforderliche Gleichungen (Reibungsgesetz, Feder- und Dämpferkennlinien) einführen. Nicht interessierende Variable eliminieren.

5.: Gleichungen lösen und an Rand- und Anfangsbedingungen anpassen.

6.: Lösungen ausdeuten.

Im Laufe der Zeit wird jeder sein individuelles Lösungsschema entwickeln. Dieses Schema ist ein Angebot an Sie, gerade für den Anfang möglichst systematisch an Aufgaben herangehen zu können. Wir werden im folgenden immer wieder nach diesem Schema die Beispielaufgaben berechnen.

16 Kinetik eines Massenpunkthaufens

Mit den Grundlagen und Techniken des vorhergehenden Kapitels werden nun komplexere Systeme untersucht. Massenpunkthaufen sind sehr häufig in der Natur anzutreffen. Diese Systeme sind auch eine Vorstufe starrer Körper, die als Massenpunktsystem aufgefaßt werden können, deren Elemente immer einen festen Abstand zueinander haben.

16.1 Der Schwerpunktsatz

Ein Massenpunkthaufen ist ein System aus zwei oder mehr Massenpunkten.

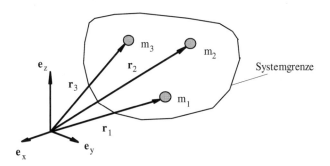

An jedem Massenpunkt dieses Systems können äußere und innere Kräfte angreifen.

Äußere Kräfte sind Kräfte, die von der Umwelt auf das System wirken, innere Kräfte sind Kräfte zwischen den Massenpunkten im System.

Sowohl die äußeren wie auch die inneren Kräfte können eingeprägte oder Zwangskräfte sein.

Beispiel 16.1 (System mit äußeren eingeprägten Kräften)

Gegeben sei ein System von zwei Massenpunken im Erdschwerefeld. Das Basissystem soll ein Inertialsystem sein.

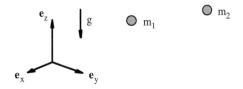

Lösung:

Das Schnittbild liefert mit d'Alembert :

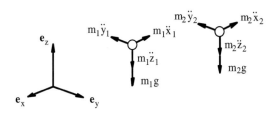

Die Bewegungsgleichungen sind ausführlich:

$$m_1\ddot{x}_1 = 0 \qquad\qquad m_2\ddot{x}_2 = 0$$
$$m_1\ddot{y}_1 = 0 \qquad\qquad m_2\ddot{y}_2 = 0$$
$$m_1\ddot{z}_1 = -m_1 g \qquad\qquad m_2\ddot{z}_2 = -m_2 g$$

Vektoriell lassen sich diese Gleichungen schreiben als

$$m_i\ddot{\mathbf{r}}_i = \mathbf{F}_i^{(e)} \,,$$

wobei auf der rechten Seite die auf die Masse m_i wirkenden äußeren, eingeprägten Kräfte stehen.

Beispiel 16.2   (System mit äußeren Zwangskräften)

Gegeben sei ein System von zwei Massenpunken, die sich nur auf einer Ebene $z = h$ bewegen können. Das Basissystem soll ein Inertialsystem sein.

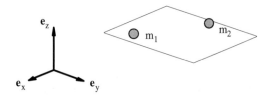

Lösung:

Das Schnittbild liefert mit d'Alembert :

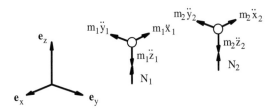

Die Bewegungsgleichungen sind ausführlich:

$$m_1\ddot{x}_1 = 0 \qquad\qquad m_2\ddot{x}_2 = 0$$
$$m_1\ddot{y}_1 = 0 \qquad\qquad m_2\ddot{y}_2 = 0$$
$$m_1\ddot{z}_1 = N_1 \qquad\qquad m_2\ddot{z}_2 = N_2$$

Die die Zwangskraft bestimmenden Bindungsgleichungen sind

$$z_1 = h$$
$$z_2 = h$$

Vektoriell lassen sich diese Gleichungen schreiben als

$$m_i\ddot{\mathbf{r}}_i = \mathbf{F}_i^{(z)} \,,$$

wobei auf der rechten Seite die auf die Masse m_i wirkenden äußeren Zwangskräfte stehen.

Anders als bei den äußeren Kräften treten die inneren Kräfte wegen „actio gleich reactio" immer paarweise mit jeweils umgekehrten Vorzeichen auf.

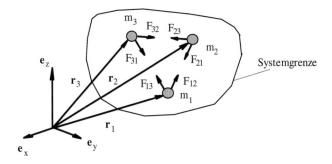

Bezeichnet man mit $\mathbf{F}_{ij}$ die von der Masse m_i auf die Masse m_j ausgeübte Kraft, so sind die Bewegungsgleichungen des Massenpunktes m_i, wenn keine äußeren Kräfte angreifen

$$m_i \ddot{\mathbf{r}}_i = \sum_j \mathbf{F}_{ij} .$$

Es gilt immer für $i \neq j$

$$\mathbf{F}_{ij} = -\mathbf{F}_{ji} .$$

Für $i = j$ setzen wir zur vereinfachten Darstellung der Gleichungen formal $\mathbf{F}_{ii} = \mathbf{0}$. Man mache sich klar, daß diese Kräfte nicht existieren.

Die Wirkungslinie dieser Kräfte liegt dabei auf der Verbindungslinie zwischen dem Massenpunkt m_i und dem Massenpunkt m_j.

Anmerkung:

Das skizzierte System besitzt drei Massenpunkte. Entsprechend wird es durch drei vektorielle Bewegungsgleichungen beschrieben:

$$m_1 \ddot{\mathbf{r}}_1 = \mathbf{F}_{12} + \mathbf{F}_{13}$$
$$m_2 \ddot{\mathbf{r}}_2 = \mathbf{F}_{21} + \mathbf{F}_{23}$$
$$m_3 \ddot{\mathbf{r}}_3 = \mathbf{F}_{31} + \mathbf{F}_{32}$$

Die inneren Kräfte können wie die äußeren Kräfte eingeprägte Kräfte sein (z. B. Federkräfte), aber auch Zwangskräfte. Eine häufig auftretende innere Zwangskraft ist eine Kraft, die den Abstand zwischen zwei Massenpunkten im System konstant hält. Die zugehörige Bindungsgleichung lautet

$$(\mathbf{r}_i - \mathbf{r}_j)^2 = \ell^2 ,$$

worin ℓ den Abstand zwischen Masse m_i und m_j kennzeichnet.

Allgemein sind die *Bewegungsgleichungen eines Massenpunktsystems* gegeben durch

$$m_i \ddot{\mathbf{r}}_i = \mathbf{F}_i + \sum_j \mathbf{F}_{ij} .$$

Ein Massenpunkt hat im Raum drei Freiheitsgrade, in der Ebene zwei und gebunden auf eine Linie einen Freiheitsgrad. Bindungen bzw. Zwangskräfte verringern die Anzahl der Freiheitsgrade jeweils um 1.

Ein System mit n Massen und r Bindungen besitzt also

- $f = n - r$ Freiheitsgrade, wenn jede Masse sich auf einer Linie bewegt,

- $f = 2n - r$ Freiheitsgrade, wenn jede Masse sich auf einer Ebene bewegt und

- $f = 3n - r$ Freiheitsgrade, wenn jede Masse sich im Raum bewegt.

◇ Ist die Anzahl der Freiheitsgrade größer als 0, hat man es mit einer Aufgabe der Kinetik zu tun.

◇ Ist die Anzahl der Freiheitsgrade gleich 0, handelt es sich um ein statisches System.

◇ Ist die Anzahl der Freiheitsgrade kleiner als 0, handelt es sich um ein statisch unbestimmtes System.

Die Fälle $f = 0$ und $f < 0$ haben wir in der Mechanik I (siehe [2]) behandelt. Wir werden im folgenden nur den dynamisch interessanten Fall $f > 0$ untersuchen.

Anmerkung:

Zwei Massenpunkte im Raum, verbunden durch eine (masselose) Stange besitzen den Gesamtfreiheitsgrad 5. Drei Massenpunkte, jeweils untereinander durch eine solche Stange verbunden, besitzen den Gesamtfreiheitsgrad 6. Dies entspricht der Anzahl von Freiheitsgraden eines starren Körpers.

Beispiel 16.3

Gegeben seien zwei Massenpunkte, die über eine masselose Rolle mit einem Seil verbunden sind. Man bestimme die Bewegungsgleichungen und deren Lösung.

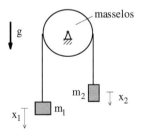

Lösung:

Das System besitzt zwei Massen, die sich jeweils auf einer Linie bewegen. Das Seil ist eine Bindung, die den Abstand der beiden Massen auf der Linie konstant hält. Im System greifen äußere Kräfte, die Gewichtskräfte sowie innere Zwangskräfte durch das Seil an. Das System besitzt einen Freiheitsgrad.

Nachdem in Kapitel 15.4 angegebenen Lösungsschema folgt:

1. Schritt: Lageplan mit Koordinaten ist oben gegeben. Die geometrische Beziehung zwischen x_1 und x_2 lautet:

$$x_1 = -x_2 .$$

2. *Schritt:* Freischnitt des Systems liefert:

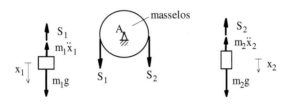

3. Schritt: Die Gleichgewichtsbeziehungen für die drei Teilsysteme sind:

$$m_1\ddot{x}_1 = m_1 g - S_1 ,$$
$$S_1 = S_2 \quad \text{(Momentengleichgewicht um } A\text{)} ,$$
$$m_2\ddot{x}_2 = m_2 g - S_2 .$$

4. Schritt: Mit der Koordinatenbeziehung in Schritt 1 liefern die Gleichungen

$$(m_1 + m_2)\ddot{x}_1 = (m_1 - m_2)g .$$

5. Schritt: Die Lösung berechnet sich mit Integration zu

$$x_1 = \frac{m_1 - m_2}{2(m_1 + m_2)} g t^2 + C_1 t + C_2 .$$

6. Schritt: Mit Hilfe der Rolle wird gegenüber der Bewegungsgleichung eines einzelnen freien Massenpunktes die Trägheit erhöht und die antreibende Kraft verkleinert.

Addiert man die Bewegungsgleichungen eines Massenpunktsystems,

$$m_i\ddot{\mathbf{r}}_i = \mathbf{F}_i + \sum_j \mathbf{F}_{ij} ,$$

über alle im System enthaltenen Massen, so folgt unter Beachtung von $\mathbf{F}_{ij} = -\mathbf{F}_{ji}$

$$\sum_i m_i\ddot{\mathbf{r}}_i = \sum_i \mathbf{F}_i + \sum_{i,j} \mathbf{F}_{ij} = \sum_i \mathbf{F}_i ,$$

da sich in der Doppelsumme die inneren Kräfte gerade paarweise aufheben.

Mit dem Vektor $\mathbf{r}_s$ zum Schwerpunkt des Massenpunktsystems

$$\left(\sum_i m_i \right) r_s = mr_s = \sum_i m_i r_i$$

(siehe Mechanik I) führt die Summe der Bewegungsgleichungen zum sogenannten

---

Schwerpunktsatz für ein Massenpunktsystem:

$$m\ddot{\mathbf{r}}_s = \sum_i \mathbf{F}_i \,.$$

Der Schwerpunktsatz besagt in Worten:
Der Schwerpunkt eines Massenpunktsystems bewegt sich so, als ob alle Masse des Systems im Schwerpunkt liegt und alle äußeren Kräfte am Schwerpunkt angreifen.

Anmerkung:

Der Schwerpunktsatz ermöglichte nach seiner Entdeckung die Berechnung der Schwerpunktbahn vieler Massenpunktsysteme, bei denen man nicht die inneren Kräfte beschreiben konnte. Ein klassisches Beispiel ist die Bahn eines Feuerwerkskörpers.

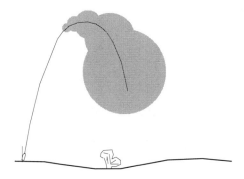

Der Schwerpunkt beschreibt die Parabel des freien Falles. Irgendwann auf seiner Bahn explodiert der Feuerwerkskörper. Diese Explosion ist eine innere Kraft, die den Körper in viele Einzelleuchtkörper aufteilt. Aber völlig unabhängig von den unter Umständen hochkomplizierten chemischen und physikalischen Vorgängen bei dieser Explosion bleibt die Schwerpunktsbahn davon völlig unberührt.

Es gibt keine innere Kraft, die die Schwerpunktbahn des Gesamtsystems beeinflussen kann.

Aus dem Schwerpunktsatz folgt durch Integration über der Zeit der Impulssatz.

Impulssatz für ein Massenpunktsystem:

$$\mathbf{P} = m\dot{\mathbf{r}}_s = \int \sum_i \mathbf{F}_i \, dt + C\,.$$

Hierin ist $\mathbf{P}$ der Gesamtimpuls des Systems.

Für den speziellen Fall, daß keine äußeren Kräfte wirken, sagt der Satz aus, daß der Gesamtimpuls erhalten bleibt. Man erhält den sogenannten

Impulserhaltungssatz für ein Massenpunktsystem:
Greifen keine äußeren Kräfte am System an, so gilt

$$m\mathbf{v}_S = \sum_i m_i \mathbf{v}_i = \text{konst}\,.$$

Beispiel 16.4

Sie sitzen in einem Boot, das bei Flaute mit der Geschwindigkeit $v = 0$ im Wasser dümpelt. Die Gesamtmasse des Bootes ist m_B.

Um das Boot vorwärts zu bewegen, werfen Sie einen Gegenstand der Masse m mit der Geschwindigkeit w aus dem Boot. Mit welcher Geschwindigkeit bewegt sich dann das Boot, wenn man annimmt, daß die Bewegung im Wasser reibungsfrei ist?

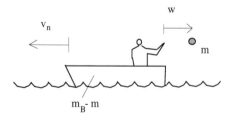

Lösung:

Da keine äußeren Kräfte angreifen, bleibt der Gesamtimpuls erhalten. Vor dem Wurf gilt

$$m_B v = 0\,,$$

da die Geschwindigkeit v nach Voraussetzung gleich Null ist. Nach dem Wurf ist die Summe der Einzelimpulse von Boot und Masse m also auch Null:

$$(m_B - m)v_n + m(v_n - w) = 0\,.$$

Hieraus berechnet man die Geschwindigkeit des Bootes zu

$$v_n = \frac{m}{m_B}w\,.$$

Je größer die Masse m und die Abwurfgeschwindigkeit w ist, umso größer ist die resultierende Bootsgeschwindigkeit.

Wenn man annimmt, daß Sie eine Masse m bereits herausgeworfen haben und nun einen weiteren überflüssigen Ballast der Masse m im Boot finden, dann werden Sie sicherlich auch diese Masse hinauswerfen. Die Lösung findet man wieder mit dem Impulssatz, der jetzt auf das Boot mit der Masse $m_B - m$ und der Geschwindigkeit v_n angewandt werden kann. Der Impuls vor dem Abwurf der zweiten Masse ist

$$P = (m_B - m)v_n\,.$$

Nach dem Abwurf der Masse ebenfalls mit der Abwurfgeschwindigkeit w ist die Summe der Impulse von Boot und zweiter Masse m:

$$P' = (m_B - m - m)v_n' + m(v_n' - w)\,.$$

Der Impulssatz erzwingt die Identität $P = P'$. Man erhält hieraus für die neue Geschwindigkeit des Bootes

$$v_n' = v_n + \frac{m}{m_B - m}w\,.$$

Anmerkung:

Dies ist das Prinzip der Rakete. Eine Rakete „wirft" mit einer festen Abstrahlgeschwindigkeit w kontinuierlich Masse aus, die der Gesamtmasse der Rakete entnommen wird.

Bei dem obigen Beispiel bleibt noch zu fragen, ob es nicht sinnvoller gewesen wäre, beide Massen m gleichzeitig herauszuwerfen. Diese Frage läßt sich durch den Vergleich der Geschwindigkeiten beantworten. Setzt man in die eben berechnete Geschwindigkeit v_n' die in der Aufgabe berechnete Geschwindigkeit v_n ein, so erhält man

$$v_n' = \left(\frac{m}{m_B} + \frac{m}{m_B - m}\right)w\,.$$

Aus dem Ergebnis der obigen Aufgabe liest man ab, daß die Geschwindigkeit des Bootes beim Herauswerfen von $2m$ mit der Abwurfgeschwindigkeit w die resultierende Bootsgeschwindigkeit

$$v_n = \frac{2m}{m_B}w = \left(\frac{m}{m_B} + \frac{m}{m_B}\right)w$$

bewirkt. Es ist also sinnvoller, die Massen einzeln hinauszuwerfen!

15.2 Arbeit, Leistung und Energie

Die Bewegungsgleichungen eines Massenpunktsystems sind

$$m_i\ddot{\mathbf{r}}_i = \mathbf{F}_i + \sum_j \mathbf{F}_{ij}\,, \quad i = 1,\ldots n\,.$$

Die kinetische Energie des Massenpunktsystems ist

$$E_{\text{kin},i} = \frac{1}{2}m_i\dot{\mathbf{r}}_i^2$$

und für die *Arbeit der äußeren und inneren Kräfte* an den Massenpunkten findet man

$$W_i = \int\left(\mathbf{F}_i + \sum_j \mathbf{F}_{ij}\right)\mathrm{d}\mathbf{r}_i = W_{i,01}^{(a)} + W_{i,01}^{(i)}\,.$$

Die Summe aller einzelnen Energien und Arbeiten liefern den *Arbeitssatz für Massenpunktsysteme:*

$$E_{\text{kin},1} - E_{\text{kin},0} = W_{01}^{(a)} + W_{01}^{(i)}\,.$$

Meistens ist ein Teil der Kräfte konservativ, sie besitzen also ein Potential. Für diese Kräfte können die potentiellen Energien betrachtet werden, die restlichen Kräfte müssen über das Arbeitsintegral berücksichtigt werden.

Für ein konservatives Massenpunktsystem lautet der *Energiesatz*

$$E_{\mathrm{kin},1} + E_{\mathrm{pot},1} - E_{\mathrm{kin},0} - E_{\mathrm{pot},0} = 0\,.$$

Der *Arbeitssatz* für Massenpunktsysteme hat in seiner allgemeinsten Form die Gestalt:

$$E_{\mathrm{kin},1} + E_{\mathrm{pot},1} - E_{\mathrm{kin},0} - E_{\mathrm{pot},0} = \widetilde{W}_{01}^{(a)} + \widetilde{W}_{01}^{(i)}\,,$$

worin $\widetilde{W}$ die Arbeit der äußeren und inneren Kräfte kennzeichnet, die nicht in der potentiellen Energie enthalten ist.

Äußere Zwangskräfte leisten nach Kapitel 15 keine Arbeit. Innere Zwangskräfte, die den Abstand zweier Massenpunkte im System konstant halten, leisten ebenfalls keine Arbeit. Denn sind

$$\mathbf{F}_{ij} = -\mathbf{F}_{ji}$$

Zwangskräfte an den Massen m_i und m_j, die deren Abstand ℓ mit

$$(\mathbf{r}_i - \mathbf{r}_j)^2 = \ell^2$$

konstant halten, so folgt für deren Arbeit:

$$W_{01}^{(z)} = \int_{\mathbf{r}_0}^{\mathbf{r}_1} (\mathbf{F}_{ij}\,\mathrm{d}\mathbf{r}_i + \mathbf{F}_{ji}\,\mathrm{d}\mathbf{r}_j) = \int_{\mathbf{r}_0}^{\mathbf{r}_1} \mathbf{F}_{ij}\,(\mathrm{d}\mathbf{r}_i - \mathrm{d}\mathbf{r}_j)\,.$$

Aus der Bindungsgleichung folgt aber

$$0 = \frac{\mathrm{d}}{\mathrm{d}t}\left\{(\mathbf{r}_i - \mathbf{r}_j)^2 - \ell^2\right\},$$
$$= 2(\mathbf{r}_i - \mathbf{r}_j) \cdot (\dot{\mathbf{r}}_i - \dot{\mathbf{r}}_j)\,.$$

Der Geschwindigkeitsvektor $(\dot{\mathbf{r}}_i - \dot{\mathbf{r}}_j)$ und damit auch der Vektor

$$(\dot{\mathbf{r}}_i - \dot{\mathbf{r}}_j)\,\mathrm{d}t = \mathrm{d}\mathbf{r}_i - \mathrm{d}\mathbf{r}_j$$

ist orthogonal zur Verbindungsstrecke der beiden Massenpunkte m_i und m_j. In Richtung der Verbindungsstrecke liegen aber auch die Zwangskräfte. Darum gilt

$$W_{01}^{(z)} = \int_{\mathbf{r}_0}^{\mathbf{r}_1} \mathbf{F}_{ij}(\mathrm{d}\mathbf{r}_i - \mathrm{d}\mathbf{r}_j) \equiv 0\,.$$

Beispiel 16.5

Gegeben sei ein Flaschenzug wie abgebildet. Zum Zeitpunkt $t = 0$ haben die Massen die Geschwindigkeit 0.

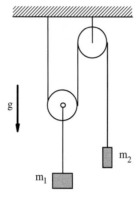

Die Rollen haben eine vernachlässigbar kleine Masse. Das Seil soll undehnbar sein.

Wie groß sind die Geschwindigkeiten für $t \neq 0$?

Lösung:

Es wirken nur Potentialkräfte. Die aus dem Seil resultierenden Kräfte leisten nach dem oben Gesagten keine Arbeit (Zwangskraft).

Für das Weitere werden Koordinaten eingeführt.

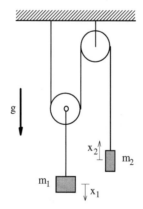

Die kinetische Energie zum Zeitpunkt $t = 0$ ist 0. Man erhält

$$E_{\text{kin},1} - E_{\text{kin},0} = \frac{1}{2}m_1\dot{x}_1^2 + \frac{1}{2}m_2\dot{x}_2^2 \, .$$

Die äußere Kraft ist die Gewichtskraft, die ein Potential besitzt. Es gilt

$$E_{\text{pot},1} - E_{\text{pot},0} = -m_1 g x_1 + m_2 g x_2 \, .$$

Für die Koordinaten liest man ab:

$$x_1 = \frac{1}{2}x_2$$

bzw.

$$\dot{x}_2 = 2\dot{x}_1$$

Einsetzen in den Energiesatz

$$E_{\text{kin},1} + E_{\text{pot},1} - E_{\text{kin},0} - E_{\text{pot},0} = 0$$

liefert das Ergebnis

$$\dot{x}_1 = \pm\sqrt{2\frac{2m_2 - m_1}{m_1 + 4m_2}g x_1} \, .$$

16.2   Der Drallsatz

Der Drallsatz (oder Drehimpulssatz) für die Masse m_i im Massenpunktsystem bezüglich des Koordinatenursprungspunktes O lautet

$$\mathbf{r}_i \times m_i\ddot{\mathbf{r}}_i = \mathbf{r}_i \times \mathbf{F}_i + \sum_j \left(\mathbf{r}_i \times \mathbf{F}_{ij} \right) ,$$

bzw.

$$\frac{\mathrm{d}}{\mathrm{d}t}\left(\mathbf{r}_i \times m_i\dot{\mathbf{r}}_i \right) = \mathbf{r}_i \times \mathbf{F}_i + \sum_j \left(\mathbf{r}_i \times \mathbf{F}_{ij} \right) .$$

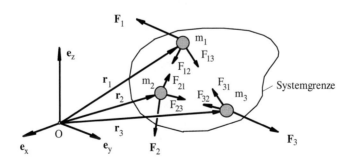

Dies schreibt man auch mit dem Drehimpuls $\mathbf{L}_i^{(O)}$ der Masse m_i

$$\frac{\mathrm{d}}{\mathrm{d}t}\mathbf{L}_i^{(O)} = \mathbf{r}_i \times \mathbf{F}_i + \sum_j (\mathbf{r}_i \times \mathbf{F}_{ij}) \,.$$

Der Gesamtdrehimpuls des Massenpunktsystems setzt sich wie der Gesamtimpuls aus der Summe der Einzeldrehimpulse zusammen. Die Summation über alle Massen liefert den *Drallsatz für ein Massenpunktsystem:*

$$\frac{\mathrm{d}}{\mathrm{d}t}\Big(\sum_i \mathbf{L}_i^{(O)}\Big) = \dot{\mathbf{L}}^{(O)} = \sum_i \mathbf{r}_i \times \mathbf{F}_i = \mathbf{M}^{(O)} \,.$$

Hier steht auf der rechten Seite das Moment aller äußeren Kräfte bezogen auf den Koordinatenursprungspunkt des Inertialsystems.

Durch die Summation über alle Massen heben sich die Einzelmomente der inneren Kräfte gerade weg, denn diese Summe enthält immer die Momentenpaare

$$\mathbf{r}_i \times \mathbf{F}_{ij} + \mathbf{r}_j \times \mathbf{F}_{ji} = (\mathbf{r}_i - \mathbf{r}_j) \times \mathbf{F}_{ij} = \mathbf{0} \,.$$

Da die inneren Kräfte längs der Verbindungsgeraden liegen, heben sich die Einzelmomente paarweise auf.

Wenn die äußeren Kräfte bezüglich des Koordinatenursprungspunktes keine Momente bewirken, bleibt der Drehimpuls des Massenpunktsystems erhalten.

$$\dot{\mathbf{L}}^{(O)} = \mathbf{0} \,.$$

Beispiel 16.6

Ein sehr dünner (weil masseloser) Schlittschuhläufer hält in den waagerecht ausgestreckten Händen je eine Punktmasse m. Er dreht sich in der Sekunde genau einmal um seine Hochachse längs der z–Achse. Dann zieht er seine Arme an. Wie schnell dreht er sich dann? (Der Kontakt mit dem Eis sei reibungsfrei).

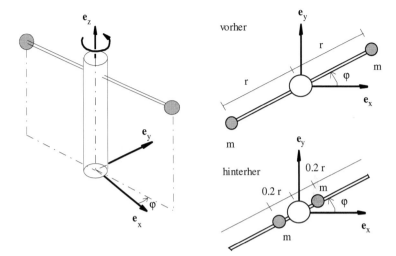

Lösung:

Wenn der Boden reibungsfrei ist, bleibt der Drehimpuls **L** des Systems erhalten. Die Kräfte, die der Läufer aufbringen muß, um die Massen an sich zu ziehen, sind innere Kräfte des Systems.

Man hat also zu berechnen

$$\mathbf{L}_{\text{vorher}}^{(O)} = \mathbf{L}_{\text{hinterher}}^{(O)} \, .$$

Um den Drehimpuls des Systems zu berechnen, nutzt man am besten Polarkoordinaten.

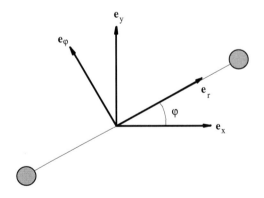

Die Achsen des Polarkoordinatensystems seien so gewählt, daß die r–Achse auf eine der beiden Massen zeigt. Dieses Koordinatensystem ist also fest mit dem Schlittschuhläufer verbunden und dreht sich nach Voraussetzung einmal in der Sekunde um den Winkel 2π. Ausführlich findet man für den Drehimpuls:

$$\mathbf{L}_{\text{vorher}}^{(O)} = r\mathbf{e}_r \times m\frac{\mathrm{d}}{\mathrm{d}t}(r\mathbf{e}_r) + (-r)\mathbf{e}_r \times m\frac{\mathrm{d}}{\mathrm{d}t}(-r\mathbf{e}_r)$$

$$= 2mr^2\mathbf{e}_r \times \dot{\mathbf{e}}_r$$

$$= 2mr^2\dot{\varphi}\mathbf{e}_r \times \mathbf{e}_\varphi$$

$$= 2mr^2\dot{\varphi}\mathbf{e}_z$$

Nachdem der Schlittschuhläufer seine Arme eingezogen hat, beträgt der Abstand der Massen nur noch $0{,}2r$ und der entsprechende Drehimpuls ist

$$\mathbf{L}_{\text{nachher}}^{(O)} = 2 \cdot 0{,}04 \cdot mr^2\dot{\varphi}_n\mathbf{e}_z \,.$$

Hierin ist $\dot{\varphi}_n$ die neue Winkelgeschwindigkeit des Schlittschuhläufers. Hierfür findet man

$$\dot{\varphi}_n = \frac{1}{0{,}04}\dot{\varphi} = 25\dot{\varphi} \,.$$

Mit dem Anziehen der Massen dreht sich der Läufer also 25 mal in der Sekunde.

Anmerkung:

Man nennt ein solches Koordinatensystem wie das obige Polarkoordinatensystem auch körperfestes System, denn es ist im Körper fest verankert und bewegt sich mit dem Körper mit.

Der Drehimpulssatz kann insbesondere auch eine Hilfe zum Aufstellen der Bewegungsgleichungen rotatorischer Systeme sein.

Beispiel 16.7

Gegeben sei ein sogenanntes mathematisches Pendel mit der Pendellänge ℓ und einer Punktmasse m im Erdschwerefeld.

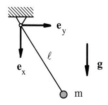

Lösung:

Mit der Gewichtskraft $\mathbf{G}$ und dem Ortsvektor $\mathbf{r}$ zum Massenpunkt m liefert der Drehimpulssatz

$$\mathbf{r} \times m\ddot{\mathbf{r}} = \mathbf{r} \times \mathbf{G}\,.$$

Um hierin den Ortsvektor $\mathbf{r}$ möglichst einfach beschreiben zu können, seien wieder Polarkoordinaten eingeführt.

Mit

$$\mathbf{r} = \ell\mathbf{e}_r$$

und

$$G = mg\mathbf{e}_x$$
$$= mg\cos\varphi\mathbf{e}_r - mg\sin\varphi\mathbf{e}_\varphi$$

erhält man

$$\mathbf{r} \times m\ddot{\mathbf{r}} = \mathbf{r} \times \mathbf{G}\,,$$
$$\ell\mathbf{e}_r \times m(-\ell\dot{\varphi}^2\mathbf{e}_r + \ell\ddot{\varphi}\mathbf{e}_\varphi) = \ell\mathbf{e}_r \times mg(\cos\varphi\mathbf{e}_r - \sin\varphi\mathbf{e}_\varphi)\,.$$

Für das Kreuzprodukt der Basisvektoren gilt

$$\mathbf{e}_r \times \mathbf{e}_r = 0\,, \qquad\qquad \mathbf{e}_r \times \mathbf{e}_\varphi = \mathbf{e}_z\,,$$

Das Ergebnis schließlich

$$m\ell^2\ddot{\varphi}\mathbf{e}_z = -mg\sin\varphi\mathbf{e}_z$$

ist eine nichtlineare Differentialgleichung in φ:

$$\ddot{\varphi} + \frac{g}{\ell}\sin\varphi = 0\,.$$

Der Schwerpunktsatz zeigte auf, daß der Schwerpunkt eine besondere Rolle in den Massenpunktsystemen spielt. Die Bewegung des Schwerpunktes ließ sich durch keine inneren Kräfte verändern.

Auch der Drallsatz hat eine merkwürdige Beziehung zum Schwerpunkt des Systems.

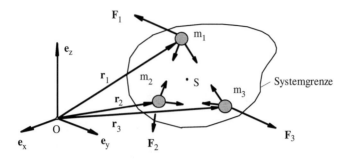

Jeder Vektor $\mathbf{r}_i$ läßt sich mit dem Vektor $\mathbf{r}_s$ zum Schwerpunkt des Systems und einem Vektor $\mathbf{s}_i$ vom Schwerpunkt S des Systems zu der jeweiligen Masse darstellen:

$$\mathbf{r}_i = \mathbf{r}_s + \mathbf{s}_i \, .$$

Führt man diese Transformation im Drallsatz aus

$$\frac{\mathrm{d}}{\mathrm{d}t}\left(\sum_i \mathbf{L}_i^{(O)}\right) = \sum_i \mathbf{r}_i \times m_i \ddot{\mathbf{r}}_i = \sum_i \mathbf{r}_i \times \mathbf{F}_i = \mathbf{M}^{(O)} ,$$

so erhält man ausführlich

$$\sum_i (\mathbf{r}_s + \mathbf{s}_i) \times m_i (\ddot{\mathbf{r}}_s + \ddot{\mathbf{s}}_i) = \sum_i (\mathbf{r}_s + \mathbf{s}_i) \times \mathbf{F}_i \, .$$

Die rechte Seite teilt sich auf in das Moment der Summe aller äußeren Kräfte, die am Schwerpunkt des Systems angreifen, sowie das Moment der äußeren Kräfte bezüglich des Schwerpunktes S des Systems.

$$\mathbf{M}^{(O)} = \mathbf{r}_s \times \sum_i \mathbf{F}_i + \sum_i (\mathbf{s}_i \times \mathbf{F}_i)$$

$$= \mathbf{r}_s \times \sum_i \mathbf{F}_i + \mathbf{M}^{(S)}$$

Die linke Seite ist ausführlich

$$\sum_i (\mathbf{r}_s + \mathbf{s}_i) \times m_i (\ddot{\mathbf{r}}_s + \ddot{\mathbf{s}}_i)$$

$$= \sum_i \mathbf{r}_s \times m_i \ddot{\mathbf{r}}_s + \sum_i \mathbf{r}_s \times m_i \ddot{\mathbf{s}}_i + \sum_i \mathbf{s}_i \times m_i \ddot{\mathbf{r}}_s + \sum_i \mathbf{s}_i \times m_i \ddot{\mathbf{s}}_i$$

$$= \mathbf{r}_s \times \left(\sum_i m_i\right)\ddot{\mathbf{r}}_s + \mathbf{r}_s \times \left(\sum_i m_i \ddot{\mathbf{s}}_i\right) - \ddot{\mathbf{r}}_s \times \left(\sum_i m_i \mathbf{s}_i\right) + \sum_i \mathbf{s}_i \times m_i \ddot{\mathbf{s}}_i \, .$$

Da ja $\mathbf{s}_i$ von einem Koordinatensystem im Körperschwerpunkt aus aufgestellt wird, ist nach der Definition des Schwerpunktes der Ausdruck

$$\sum_i m_i \mathbf{s}_i \equiv \mathbf{0}$$

mit allen zeitlichen Ableitungen identisch Null. Die linke Seite des Drehimpulssatzes vereinfacht sich damit wesentlich. Mit der Gesamtmasse m des Systems erhält man

$$\sum_i (\mathbf{r}_s + \mathbf{s}_i) \times m_i(\ddot{\mathbf{r}}_s + \ddot{\mathbf{s}}_i) = \mathbf{r}_s \times m\ddot{\mathbf{r}}_s + \sum_i \mathbf{s}_i \times m_i\ddot{\mathbf{s}}_i$$

$$= \mathbf{r}_s \times \sum_i \mathbf{F}_i + \mathbf{M}^{(S)} .$$

Da nach dem Schwerpunktsatz

$$\mathbf{r}_s \times m\ddot{\mathbf{r}}_s = \mathbf{r}_s \times \sum_i \mathbf{F}_i$$

gilt, vereinfacht sich der Drallsatz weiter zu

$$\sum_i (\mathbf{s}_i \times m_i\ddot{\mathbf{s}}_i) = \mathbf{M}^{(S)} .$$

Auf der linken Seite steht die zeitliche Ableitung des Gesamtdrehimpulses des Systems bezogen auf den Schwerpunkt, auf der rechten Seite sind die äußeren Momente ebenfalls bezogen auf den Schwerpunkt. Somit gibt es zwei ausgezeichnete Punkte für den Drallsatz eines Massenpunktsystems, den Ursprungspunkt des Intertialsystems sowie den Schwerpunkt.

Drallsatz für ein Massenpunktsystem:

$$\frac{\mathrm{d}}{\mathrm{d}t}\left(\sum_i \mathbf{L}_i^{(A)}\right) = \dot{\mathbf{L}}^{(A)} = \mathbf{M}^{(A)}$$

mit (A) : Ursprungspunkt des Inertialsystems,
oder (A) : Schwerpunkt des Massenpunktsystems.

Unter den Massenpunktsystemen gibt es spezielle Systeme, die man vollständig mit dem Schwerpunktsatz und dem Drallsatz beschreiben kann. Dies sind Massenpunktsysteme, in denen die Massenpunkte alle untereinander starr miteinander verbunden sind. Diese starren Verbindungen bewirken innere Zwangskräfte, die ja nicht nach außen in Erscheinung treten.

Beispiel 16.8

Eine starre masselose Rolle mit Radius r trägt auf ihrem Umfang wie skizziert drei Massenpunkte, die fest auf der Scheibe montiert sind. Man stelle die Bewegungsgleichung auf.

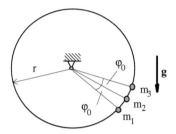

Was für einen Einfluß haben die 3 Massenpunkte auf der Rolle?

Lösung:

Der Drehimpuls berechnet sich wie beim mathematischen Pendel am einfachsten über Polarkoordinaten.

Den Koordinatenursprungspunkt O legen wir in den raumfesten Drehpunkt.

$$\sum_{i=1}^{3} \mathbf{r}_i \times m_i \ddot{\mathbf{r}}_i = \sum_{i=1}^{3} \mathbf{r}_i \times \mathbf{G}_i \,.$$

Für die drei Polar (bzw. Zylinder-)koordinatensysteme

$$(\mathbf{e}_{ri}, \mathbf{e}_{\varphi i}, \mathbf{e}_z)\,, \quad i = 1,2,3\,,$$

bei denen die r–Achse jeweils auf die Masse m_i zeigt, gilt offensichtlich

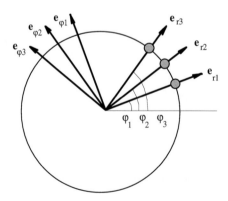

$$\varphi_3 = \varphi_2 + \varphi_0 = \varphi_1 + 2\varphi_0$$
$$\dot{\varphi}_3 = \dot{\varphi}_2 = \dot{\varphi}_1 = \dot{\varphi}$$

Die Koordinatensysteme drehen sich also mit derselben Winkelgeschwindigkeit. Dies ist die wesentliche Konsequenz aus der Starrheitsbedingung der drei Massen auf der Rolle. Mit den Ausführungen des vorhergehenden Beispieles erhält man

$$\sum_{i=1}^{3} r_i \mathbf{e}_{ri} \times m_i(-r_i\dot{\varphi}^2 \mathbf{e}_{ri} + r_i\ddot{\varphi}\mathbf{e}_{\varphi i}) =$$

$$= \sum_{i=1}^{3} r_i \mathbf{e}_{ri} \times m_i g(\cos\varphi_i \mathbf{e}_{ri} - \sin\varphi_i \mathbf{e}_{\varphi i}),$$

$$\ddot{\varphi}\sum_{i=1}^{3} (r_i \cdot r_i \cdot m_i)\mathbf{e}_z = -\sum_{i=1}^{3} (m_i g r_i \sin\varphi_i)\mathbf{e}_z.$$

Die rechte Seite ist das äußere Moment $M^{(O)}$, daß die Gewichtskraft auf die Rolle ausübt. Auf der linken Seite der obigen Gleichung ist der Ausdruck

$$\sum_{i=1}^{3} r_i^2 m_i$$

ein Term, der nur noch die geometrische Beschaffenheit der Rolle bezüglich der Massenbelegung enthält. Dieser Term ist völlig unabhängig von der tatsächlichen Bewegung der Rolle. Man nennt ihn *Trägheitsmoment* und bezeichnet ihn mit Θ. Die gesuchten Bewegungsgleichungen sind

$$\Theta\ddot{\varphi} = -\sum_{i=1}^{3} (m_i g r_i \sin\varphi_i) \approx (m_1 + m_2 + m_3)gr\sin\varphi_2.$$

Die Näherung auf der rechten Seite trägt dem Schwerpunktsatz (siehe vorne) Rechnung.

In obigem Beispiel wird die Drehlage des Massenpunktsystems durch einen Winkel φ beschrieben, unabhängig davon, wieviele Massenpunkte das System enthält. Dieser Winkel läßt sich interpretieren als Winkel zwischen einer raumfesten Geraden und einer beliebigen aber fest auf der Rolle verankerten Geraden. Die linke Seite der Bewegungsgleichungen macht Aussagen über die Winkelbeschleunigung $\ddot{\varphi}$.

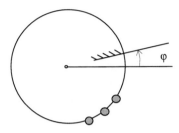

Solche Massenpunktsysteme sind allgegenwärtig. Man nennt sie auch *Starre Körper*. Diese Massenpunktsysteme lassen sich mit wenigen Variablen eindeutig beschreiben, selbst wenn sie unendlich viele Massenpunkte enthalten.

Beispiel 16.9

Gegeben sei eine starre, massebehaftete Scheibe konstanter Dicke h, die drehbar gelagert ist.

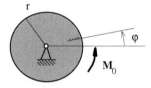

An der Scheibe greift ein Moment M_0 an. Man bestimme die Bewegungsgleichungen.

Lösung:

Teilt man die Scheibe in dicht aneinander liegende Würfel mit der Masse Δm_i auf, die als Massenpunkte des Systems interpretiert werden, so erhält man mit dem Drallsatz.

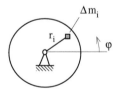

$$\dot{\mathbf{L}}^{(O)} = \mathbf{M}^{(O)}$$

mit

$$\dot{L}^{(O)}\mathbf{e}_z = M^{(O)}\mathbf{e}_z$$

$$\dot{L}^{(O)} = \ddot{\varphi}\sum_i r_i^2 \Delta m_i \, .$$

Hierin wird über alle Würfel in der Scheibe summiert. Der Wert der Summe hängt von der gewählten Anzahl der Würfel ab. Je feiner man die Würfeleinteilung vornimmt, um so mehr nähert man sich einem uns schon bekannten Grenzwert. Der Übergang auf differentiell kleine Massenpunktelemente dm führt auf die Beziehung

$$\dot{L}^{(O)} = \ddot{\varphi}\int_{m_S} r^2 \, \mathrm{d}m \, .$$

Die Größe m am Integral zeigt an, daß über die Masse der gesamten Scheibe summiert werden muß. Für das Differential dm gilt

$$\mathrm{d}m = \rho h \, \mathrm{d}A \, .$$

Hierin ist r die Dichte, h die nach Voraussetzung konstante Dicke der Scheibe und dA ein differentiell kleines Flächenelement der Scheibe. Man erhält also

$$\dot{L}^{(O)} = \ddot{\varphi}\rho h \int_A r^2 \, \mathrm{d}A$$

$$= \ddot{\varphi}\rho h I_P$$

$$= \ddot{\varphi}\Theta$$

I_P ist das polare Flächenträgheitsmoment, das wir im ersten Semester kennengelernt haben.

Anmerkung: **Zur Erinnerung:**

Das polare Flächenträgheitsmoment einer Kreisscheibe bezogen auf den Schwerpunkt der Fläche berechnet sich zu

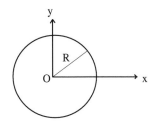

$$I_P = \int_A r^2 \, \mathrm{d}A \quad \left\{ = \int_A (x^2 + y^2) \, \mathrm{d}A = I_x + I_y \right\}$$

$$= \int_0^R \int_0^{2\pi} r^2 \cdot r \, d\varphi \, dr$$

$$= \frac{\pi}{2} R^4 \,.$$

Das Trägheitsmoment Θ der Scheibe ist mit dem polaren Flächenträgheitsmoment I_P

$$\Theta = \rho h \frac{\pi}{2} R^4 = \frac{1}{2}(\rho h \pi R^2) R^2 = \frac{1}{2} m R^2 \,,$$

worin m die Gesamtmasse der Scheibe ist. Die Dimension des Trägheitsmomentes ist

$$\dim \Theta = \text{Masse} \cdot \text{Länge}^2 \,, \quad \text{Einheit:} \left[\text{kgm}^2\right] \,.$$

Die Bewegungsgleichung des obigen Beispieles

$$\Theta \ddot{\varphi} = M^{(O)}$$

ist das zweite Newtonsche Gesetz für Drehbewegungen um den Koordinatenursprungspunkt.

Analog zu der translatorischen Schwerpunktsbewegung lassen sich die Gleichungen im Sinne von d'Alembert gewinnen, wenn man im Schnittbild entgegen der Richtung der gewählten Drehwinkelkoordinate die sogenannte d'Alembertsche Drehträgheit anträgt. Das System wird dadurch formal ein statisches System, bei dem Kraft- und Momentengleichgewicht die Lösung liefert.

In vielen Beispielen wird das Trägheitsmoment gegeben sein. Im Kapitel über die Kinetik starrer Körper werden wir auf die Berechnung allgemeiner eingehen.

Beispiel 16.10

Gegeben sei eine drehbar gelagerte Rolle mit dem Trägheitsmoment Θ, über die ein Seil läuft, an dessen Enden jeweils eine Masse befestigt ist.

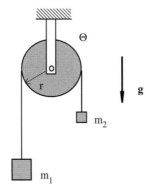

Man stelle die Bewegungsgleichungen auf.

Lösung:

Zunächst werden Koordinaten gewählt:

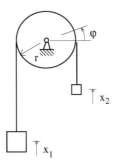

Das Freischneiden des Systems liefert drei Teilsysteme:

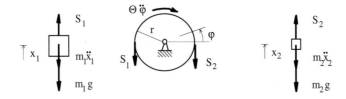

Für die Einzelmassen erhält man die Gleichungen

$$m_1\ddot{x}_1 = S_1 - m_1 g,$$

$$m_2 \ddot{x}_2 = S_2 - m_2 g\,.$$

Das Momentengleichgewicht für die Rolle liefert

$$\Theta \ddot{\varphi} = r S_1 - r S_2\,.$$

Die kinematischen Beziehungen lauten (das Seil soll auf der Rolle nicht rutschen)

$$x_1 = -r\varphi = -x_2\,.$$

Einsetzen der Bewegungsgleichungen der Einzelmassen in die Momentengleichung führt auf

$$\Theta \ddot{\varphi} = r(m_1 \ddot{x}_1 + m_1 g - m_2 \ddot{x}_2 - m_2 g)\,.$$

Division durch r und Einsetzen der kinematischen Beziehungen liefert schließlich die gesuchte Gleichung

$$(m_1 + \Theta \frac{1}{r^2} + m_2)\ddot{x}_1 = (m_2 - m_1)g\,.$$

Der Drallsatz liefert insbesondere dann Hilfen zur Systembeschreibung, wenn man starre Körper betrachtet, über deren Drehung man Informationen haben will. Die Massenbelegung der Rolle in obigem Beispiel zeigt, daß die Massenbelegung ein wesentlichen Einfluß auf die Trägheitskräfte hat.

Bisher haben wir nur Rollen betrachtet, die um eine feste Achse drehbar gelagert sind. Da der Drallsatz ja auch insbesondere für den Schwerpunkt des Massenpunktsystems „Starre Scheibe" gilt, lassen sich auch komplexere Aufgaben berechnen.

Beispiel 16.11

Sie arbeiten in einer Fabrik, bei der von riesigen Rollen Garn abgespult wird. Durch die nachfolgenden Bearbeitungsprozesse wird am Faden mit einer betragsmäßig ständig schwankenden Kraft F gezogen. Dadurch kommt es häufig zu Fadenrissen.

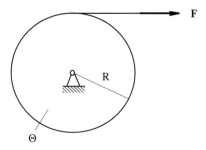

Um die Fadenrisse zu vermeiden, bauen Sie die folgende Vorrichtung:

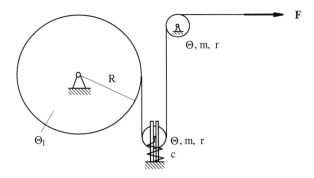

Hierbei ist die eine Rolle so elastisch aufgehängt, daß sie auch senkrecht auf- und ab geführt werden kann.

Wie überzeugen Sie Ihren Chef, daß Ihre Idee funktioniert?

Zunächst sollten Sie die Bewegungsgleichungen aufstellen. Dazu schneiden wir das System frei:

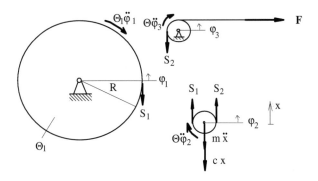

Für die drei Teilsysteme findet man

a) $\Theta_1 \ddot{\varphi}_1 = -R \cdot S_1$,

b) $\Theta \ddot{\varphi}_2 = r(S_2 - S_1)$, $\qquad m\ddot{x} = -cx + S_1 + S_2$,

c) $\Theta \ddot{\varphi}_3 = r(S_2 - F)$.

Um weitere Aussagen zu erhalten, muß man die Kinematik genau analysieren. Das werden wir im nächsten Kapitel angehen.

Für Energiebetrachtungen lassen sich ebenfalls die Energieausdrücke bei den starren Massenpunktsystemen wesentlich vereinfachen.

Dazu sei eine freie Scheibe in der Ebene betrachtet. Die kinetische Energie des Massenpunktsystems ist

$$E_{\text{kin}} = \sum_i \frac{1}{2}\Delta m_i \dot{\mathbf{r}}_i^2 = \sum_i \frac{1}{2}\Delta m_i (\dot{\mathbf{r}}_s + \dot{\mathbf{s}}_i)^2$$

$$= \frac{1}{2}m\dot{\mathbf{r}}_s^2 + \dot{\mathbf{r}}_s \sum_i \Delta m_i \dot{\mathbf{s}}_i + \frac{1}{2}\sum_i \Delta m_i \dot{\mathbf{s}}_i^2 \, .$$

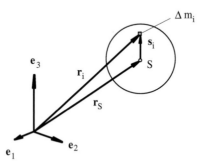

Der mittlere Term auf der rechten Seite ist wieder identisch Null. Der Übergang auf infinitesimal kleine Massenelemente führt auf

$$E_{\text{kin}} = \frac{1}{2}m\dot{\mathbf{r}}_s^2 + \frac{1}{2}\dot{\varphi}^2 \int_S r^2 \, dm$$

$$= \frac{1}{2}m\dot{\mathbf{r}}_s^2 + \frac{1}{2}\Theta\dot{\varphi}^2 \, .$$

Neben der translatorischen Schwerpunktsenergie speichert auch die Drehbewegung kinetische Energie.

Die Arbeit, die ein Moment in der Ebene leistet ist offenbar

$$W_{01} = \int_{\varphi_0}^{\varphi_1} M \, d\varphi \, .$$

Hierin deuten 0 und 1 wieder den Zustand 0 oder 1 an.

Beispiel 16.12

Gegeben sei das nachfolgend skizzierte System. Auf der schiefen Ebene herrscht Reibung. Man bestimme die Geschwindigkeit der

Masse m_2, wenn zum Zeitpunkt $t = 0$ das System bei entspannter Feder in Ruhe ist.

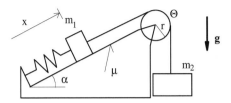

Lösung:

Im Ausgangszustand (Zustand 0) sind die kinetischen Energien der Massen und der Rolle gleich Null. Die potentielle Energie in der Feder ist nach Voraussetzung gleich Null, die potentiellen Gewichtsenergien seien ebenfalls zu Null gesetzt.

Im Zustand 1 haben sich die Massen um x fortbewegt und haben eine Geschwindigkeit ungleich Null. Die Rolle dreht sich ebenfalls wegen $x = r\varphi$. Die kinetische Energie ist damit

$$E_{\text{kin},1} = \frac{1}{2}m_1\dot{x}^2 + \frac{1}{2}\Theta\frac{\dot{x}^2}{r^2} + \frac{1}{2}m_2\dot{x}^2 \, .$$

Die potentielle Energie berechnet sich zu

$$E_{\text{pot},1} = \frac{1}{2}cx^2 + m_1 g \sin\alpha x - m_2 g x \, .$$

Der Arbeitssatz liefert ausführlich

$$E_{\text{kin},1} + E_{\text{pot},1} - E_{\text{kin},0} - E_{\text{pot},0} = W_{10} \, .$$

Die Reibung leistet entgegen der Bewegungsrichtung Arbeit. Sie berechnet sich zu

$$W_{01} = -\int\limits_0^x \mu m_1 g \cos\alpha \, \mathrm{d}x \, .$$

Hieraus erhält man die gewünschte Information über $\dot{x}$:

$$\dot{x} = \sqrt{\frac{-2(\mu m_1 \cos\alpha + m_1 \sin\alpha - m_2)gx - cx^2}{m_1 + \Theta\frac{1}{r^2} + m_2}} \, .$$

Anmerkung:

Dieses Ergebnis ist nur solange sinnvoll, wie $\dot{x} > 0$ ist!

Zusammenfassend kann man für starre Massenpunktsysteme in der Ebene translatorische und rotatorische Größen gegenüberstellen. Die nachfolgende Tabelle mag ein Gefühl für die Zuordnung geben.

Tabelle 16.1. Gegenüberstellung von translatorischen und rotatorischen Größen

Translation		Rotation (um Ursprung oder Schwerpunkt)	
s	Weg	φ	Winkel
$v = \dot{s}$	Geschwindigkeit	$\omega = \dot{\varphi}$	Winkelgeschwindigkeit
$a = \dot{v} = \ddot{s}$	Beschleunigung	$\dot{\omega} = \ddot{\varphi}$	Winkelbeschleunigung
m	Masse	Θ	Trägheitsmoment
F	Kraft	M	Moment
$p = mv$	Impuls	$L = \Theta\omega$	Drehimpuls
$ma = F$	2. Newtonsches Gesetz	$\Theta\dot{\omega} = M$	2. Newtonsches Gesetz
$E_{\text{kin}} = \frac{1}{2}mv^2$	Kinetische Energie	$E_{\text{kin}} = \frac{1}{2}\Theta\omega^2$	Kinetische Energie
$W = \int F \, ds$	Arbeit	$W = \int M \, d\varphi$	Arbeit
$P = Fv$	Leistung	$P = Mw$	Leistung

17   Allgemeine Bewegung eines starren Körpers

Im vorhergehenden Kapitel haben wir schon starre Körper in der Ebene als spezielle Massenpunktsysteme kennengelernt. Hier soll systematisch die zwei- und dreidimensionale Kinematik und Kinetik des starren Körpers angegangen werden. Wenngleich der allgemeine dreidimensionale Fall praktisch nur noch für spezielle Beispiele per Handrechnung lösbar ist, liefert die zweidimensionale Kinematik wertvolle Hinweise für den ebenen Zusammenhang von Variablen in Mehrkörpersystemen.

Im Kapitel 18 über Relativkinetik wird auf die Kinetik starrer Körper mit anderen Methoden noch einmal eingegangen, insbesondere wird dort auch der tensorielle Charakter der Trägheitsgrößen starrer Körper in einfacher Weise – so hoffe ich – sichtbar.

17.1   Kinematik eines starren Körpers

Zunächst betrachten wir den Fall der translatorischen Bewegung eines starren Körpers von einem Inertialsystem aus.

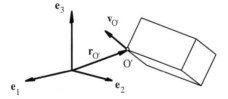

Am Körper sei O' ein irgendwie markierter Punkt. Dieser Punkt habe eine Geschwindigkeit

$$\frac{\mathrm{d}}{\mathrm{d}t}\mathbf{r}_{O'} = \mathbf{v}_{O'} \, .$$

Genau dann, wenn jeder feste Punkt im und am Körper dieselbe Geschwindigkeit hat wie der Punkt O', führt der Körper eine rein translatorische Bewegung aus. Betrachtet man irgendeinen Punkt P im Körper, so läßt er sich mit einem Vektor $\mathbf{r}_{O'P}$ vom Punkt O' zum Punkt P beschreiben in der Form

$$\mathbf{r}_P = \mathbf{r}_{O'} + \mathbf{r}_{O'P}\,.$$

Da der Körper starr ist, verändert sich der Abstand von O' zu P nicht, der Betrag des Vektors $\mathbf{r}_{O'P}$ ist also konstant. Da die Geschwindigkeit bei reiner Translation für jeden Punkt P gleich

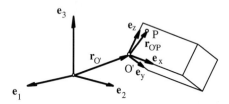

der Geschwindigkeit von O' ist, muß offensichtlich auch die Orientierung des Vektors $\mathbf{r}_{O'P}$ bezüglich des Inertialsystems $\{O, \mathbf{e}_1, \mathbf{e}_2 , \mathbf{e}_3\}$ konstant sein. Mit

$$\frac{\mathrm{d}}{\mathrm{d}t}\mathbf{r}_P = \dot{\mathbf{r}}_P = \dot{\mathbf{r}}_{O'} + \dot{\mathbf{r}}_{O'P} \equiv \dot{\mathbf{r}}_{O'}$$

folgt also

$$\dot{\mathbf{r}}_{O'P} \equiv \mathbf{0}\,.$$

Wie die Geschwindigkeiten sind auch die Beschleunigungen jedes Punktes eines translatorisch bewegten Körpers gleich.

Beispiel 17.1

Auf einem Jahrmarkt ist eine „Schiffsschaukel" gegeben. Die undehnbaren Seile sind zu jedem Zeitpunkt fest gespannt.

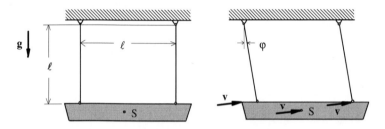

Beim Schaukeln erfährt jeder Punkt des Schiffskörpers die gleiche Geschwindigkeit. Obwohl sich jeder Punkt auf einer Kreisbahn bewegt, führt der Körper eine rein translatorische Bewegung aus! Jede Markierung am Schiffskörper wird zu jedem Zeitpunkt nur parallel zu sich selbst verschoben.

Wenn wir als nächstes eine rein rotatorische Bewegung eines starren Körpers betrachten, so kann man verschiedene Fälle unterscheiden.

1. Fall: Drehung um eine raumfeste Achse.

Man stelle sich ein Karussell vor. Es dreht sich um eine feste vertikale Achse parallel zur

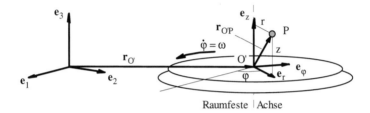

Raumfeste Achse

3–Achse des Inertialsystems. Auf die Karusseldrehachse setzen wir die z–Achse eines Zylinderkoordinatensystems, das sich mit dem Karussell mitdreht. Der Massenpunkt sei fest bezüglich des mitdrehenden Zylinderkoordinatensystems montiert.

Der Ort des Massenpunktes läßt sich beschreiben über

$$\mathbf{r}_P = \mathbf{r}_{O'} + \mathbf{r}_{O'P}$$

bzw.

$$\mathbf{r}_P = \mathbf{r}_{O'} + r\mathbf{e}_r + z\mathbf{e}_z \, .$$

Nach Konstruktion ist der Punkt O' unbeweglich bezüglich des Inertialsystems. Die Zeitableitung des Vektors zu diesem Punkt ist Null. Für die Geschwindigkeit gilt mit den Ableitungsregeln für die Zylinderkoordinaten

$$\mathbf{v}_P = \dot{\mathbf{r}}_P = \dot{\mathbf{r}}_{O'P} = r\omega\mathbf{e}_\varphi \, ,$$

und die Beschleunigung berechnet sich zu

$$\mathbf{a}_P = \ddot{\mathbf{r}}_P = r\dot{\omega}\mathbf{e}_\varphi - r\omega^2\mathbf{e}_r \, .$$

Die Geschwindigkeit des Massenpunktes läßt sich auch als Kreuzprodukt darstellen.

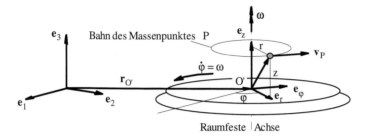

Es gilt

$$\mathbf{v}_P = r\omega\mathbf{e}_\varphi = r\omega(\mathbf{e}_z \times \mathbf{e}_r) = (\omega\mathbf{e}_z) \times (r\mathbf{e}_r) = \omega(\mathbf{e}_z \times \mathbf{r}_{O'P}).$$

Man definiert den sogenannten *Winkelgeschwindigkeitsvektor* $\boldsymbol{\omega}$ durch

$$\boldsymbol{\omega} = \omega\mathbf{e}_z .$$

Die Richtung des Drehvektors zeigt dabei in Richtung der Drehachse und der Betrag ist die Winkelgeschwindigkeit, mit der das System um diese Achse dreht. Mit dieser Definition gilt offensichtlich

$$\mathbf{v}_P = \frac{\mathrm{d}}{\mathrm{d}t}\mathbf{r}_{O'P} = \boldsymbol{\omega} \times \mathbf{r}_{O'P}$$

und entsprechend für die Beschleunigung

$$\mathbf{a}_P = \frac{\mathrm{d}}{\mathrm{d}t}\left(\frac{\mathrm{d}}{\mathrm{d}t}\mathbf{r}_{O'P}\right) = \frac{\mathrm{d}}{\mathrm{d}t}(\boldsymbol{\omega} \times \mathbf{r}_{O'P}) = \dot{\boldsymbol{\omega}} \times \mathbf{r}_{O'P} + \boldsymbol{\omega} \times (\boldsymbol{\omega} \times \mathbf{r}_{O'P}).$$

Eine weitere mögliche Rotationsform eines starren Körpers ist der

2. Fall: Drehung um einen raumfesten Punkt.

Gegeben sei ein starrer Körper, der über ein Kugelgelenk an einen festen Punkt gebunden ist. Auf diesem Körper werde ein spezieller, fest gewählter Punkt P betrachtet.

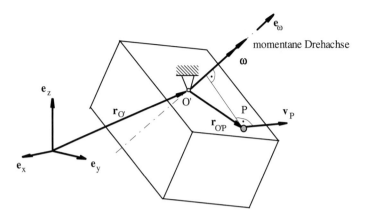

Wie im ersten Fall ist

$$\mathbf{r}_P = \mathbf{r}_{O'} + \mathbf{r}_{O'P}$$

und die Zeitableitung des Vektors zum raumfesten Punkt O' immer gleich Null. Mit dem momentanen Drehgeschwindigkeitsvektor

$$\boldsymbol{\omega} = \omega \mathbf{e}_\omega \quad \text{mit} \quad \|\mathbf{e}_\omega\| = 1$$

erhält man für Geschwindigkeit und Beschleunigung des Punktes P

$$\mathbf{v}_P = \frac{\mathrm{d}}{\mathrm{d}t}\mathbf{r}_{O'P} = \boldsymbol{\omega} \times \mathbf{r}_{O'P}$$

$$\mathbf{a}_P = \frac{\mathrm{d}}{\mathrm{d}t}\left(\frac{\mathrm{d}}{\mathrm{d}t}\mathbf{r}_{O'P}\right) = \frac{\mathrm{d}}{\mathrm{d}t}(\boldsymbol{\omega} \times \mathbf{r}_{O'P}) = \dot{\boldsymbol{\omega}} \times \mathbf{r}_{O'P} + \boldsymbol{\omega} \times (\boldsymbol{\omega} \times \mathbf{r}_{O'P}).$$

Der Winkelgeschwindigkeitsvektor kann in seine Komponenten bezüglich eines körperfesten Systems zerlegt werden:

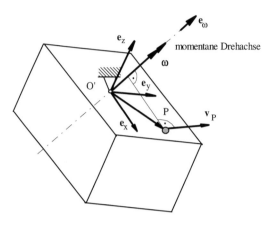

$$\boldsymbol{\omega} = \omega_x \mathbf{e}_x + \omega_y \mathbf{e}_y + \omega_z \mathbf{e}_z \ .$$

Entsprechend den Vektoreigenschaften können Winkelgeschwindigkeiten vektoriell addiert werden.

Anmerkung: **(für Freunde der Mathematik)**

Diese Eigenschaft der Winkelgeschwindigkeiten gilt nicht (!) für die Winkel selbst. Den Drehwinkeln kann kein Vektor zugeordnet werden. Der mathematische Hintergrund ist die fehlende Kommutativität endlicher Winkeldrehungen. Winkelgeschwindigkeiten können als differentiell kleine Winkeldrehungen in differentiell kleinen Zeitintervallen gesehen werden. Hier gilt die Kommutativität, weil die nichtkommutativen Glieder dann von zweiter Ordnung klein sind und beim Differential darum nicht beachtet werden.

Ein Beispiel zur Anschauung für die Additivität der Winkelgeschwindigkeiten mag die in der Literatur immer wieder zitierte Kollermühle sein.

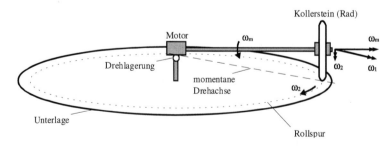

Hierbei liefert ein drehbar gelagerter Motor einen Drehgeschwindigkeitsvektor ω_m, der auf einen, hier als Rad ausgebildeten, Kollerstein geführt wird. Der Kollerstein selbst rollt auf einer ebenen Unterlage und kann sich in der gezeichneten Lage nur um die momentane Drehachse mit ω_1 drehen.

Die Zerlegung des vom Motor gelieferten Winkelgeschwindigkeitsvektors in die Vektoren ω_1 und ω_2 zeigt auf, daß sich der Motor mit dem Kollerstein mit der

Winkelgeschwindigkeit ω_2 um die vertikale Achse durch den Motoraufhängepunkt drehen muß.

Das sich der Kollerstein mit der Winkelgeschwindigkeit ω_1 dreht, hängt mit der Eigenschaft zusammen, auf der Unterlage zu rollen. Dazu kommen wir später.

Die allgemeine Bewegung eines starren Körpers setzt sich aus einer Translation und einer gleichzeitigen Rotation zusammen. Sei A ein fest gewählter Punkt auf dem betrachteten starren Körper. Von einem Inertialsystem aus läßt sich der Punkt A vermaßen. Vom körperfesten Punkt A kann jeder andere Punkt P des Körpers in einem körperfesten System gemessen werden.

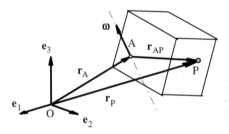

Allgemein kann der Ort des Punktes P angegeben werden in der Form

$$\mathbf{r}_P = \mathbf{r}_A + \mathbf{r}_{AP}\,.$$

Mit dem momentanen Winkelgeschwindigkeitsvektor ω im Punkt A lassen sich Geschwindigkeit und Beschleunigung beschreiben mit

$$\dot{\mathbf{r}}_P = \dot{\mathbf{r}}_A + \omega \times \mathbf{r}_{AP}\,,$$
$$\ddot{\mathbf{r}}_P = \ddot{\mathbf{r}}_A + \dot{\omega} \times \mathbf{r}_{AP} + \omega \times (\omega \times \mathbf{r}_{AP})\,.$$

Nun ist hier der Punkt A völlig willkürlich gewählt. Was wäre, wenn wir einen anderen Bezugspunkt A' auf dem starren Körper gewählt hätten? Der Vektor zum Punkt P wäre dann

$$\mathbf{r}_P = \mathbf{r}_{A'} + \mathbf{r}_{A'P}$$

und die Geschwindigkeit

$$\dot{\mathbf{r}}_P = \dot{\mathbf{r}}_{A'} + \boldsymbol{\omega}' \times \mathbf{r}_{A'P} \,,$$

worin $\boldsymbol{\omega}'$ jetzt den momentanen Winkelgeschwindigkeitsvektor im Punkt A' angibt.

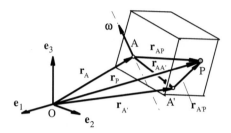

Nun läßt sich der Vektor zum Punkt A' auch über den körperfesten Punkt A angeben:

$$\mathbf{r}_{A'} = \mathbf{r}_A + \mathbf{r}_{AA'}$$

und mit dem Winkelgeschwindigkeitsvektor $\boldsymbol{\omega}$ im Punkt A findet man für die Geschwindigkeit von A':

$$\dot{\mathbf{r}}_{A'} = \dot{\mathbf{r}}_A + \boldsymbol{\omega} \times \mathbf{r}_{AA'} \,.$$

Insbesondere kann im körperfesten System der Vektor von A nach P auch als Summe von Vektoren von A nach A' und von A' nach P angegeben werden:

$$\begin{aligned}
\dot{\mathbf{r}}_P &= \dot{\mathbf{r}}_A + \boldsymbol{\omega} \times (\mathbf{r}_{AA'} + \mathbf{r}_{A'P}) \\
&= \dot{\mathbf{r}}_A + \boldsymbol{\omega} \times \mathbf{r}_{AA'} + \boldsymbol{\omega} \times \mathbf{r}_{A'P} \\
&= \dot{\mathbf{r}}_{A'} + \boldsymbol{\omega} \times \mathbf{r}_{A'P} \\
&\equiv \dot{\mathbf{r}}_{A'} + \boldsymbol{\omega}' \times \mathbf{r}_{A'P}
\end{aligned}$$

Hieraus liest man ab:

$$\boldsymbol{\omega}' = \boldsymbol{\omega} \,.$$

Also ist der Winkelgeschwindigkeitsvektor für jeden Punkt des starren Körpers gleich!

Anmerkung:

Dies erinnert an die Eigenschaft von Momenten, auf einem starren Körper in zwei Richtungen frei verschoben werden zu können. Tatsächlich ist ja das Moment eine Größe, die eine Drehung des Körpers bewirken will. Das Moment allein bestimmt nicht die sich dabei einstellende Drehachse! Der Winkelgeschwindigkeitsvektor beschreibt ganz analog die Eigenschaft eines starren Körpers, sich mit einer bestimmten Winkelgeschwindigkeit zu drehen. Dieser Vektor bestimmt nicht die Drehachse, sondern er ist nur parallel zur Drehachse.

Stellen Sie sich vor, Sie sind auf einem kreisförmigen ebenen Karussell, daß sich mit der Winkelgeschwindigkeit 1 Umdrehung pro 5 Sekunden dreht. Wenn Sie außerhalb irgendeine Bezugsperson haben, die Sie während der Karussellfahrt ansehen wollen, dann spielt es keine Rolle, wo auf dem kreisförmigen Karussell Sie stehen, Sie müssen in jedem Fall Ihren Kopf 1 mal pro 5 Sekunden um 360 Grad drehen!

Wenn man einen starren Körper in der Ebene beschreibt,

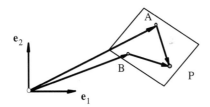

so gelten für die Geschwindigkeit (und entsprechend für die Beschleunigung) die gleichen Formeln wie im dreidimensionalen Fall:

$$\dot{\mathbf{r}}_P = \dot{\mathbf{r}}_A + \boldsymbol{\omega} \times \mathbf{r}_{AP}\,, \qquad\qquad \dot{\mathbf{r}}_P = \dot{\mathbf{r}}_B + \boldsymbol{\omega} \times \mathbf{r}_{BP}\,.$$

Der Winkelgeschwindigkeitsvektor hat allerdings nur die Komponente in $\mathbf{e}_3$–Richtung ungleich Null; $\boldsymbol{\omega}$ steht senkrecht auf der Papierebene.

Zwar ist der Winkelgeschwindigkeitsvektor für alle Bezugspunkte A oder B gleich, die Geschwindigkeiten der Bezugspunkte $\dot{\mathbf{r}}_A$ bzw. $\dot{\mathbf{r}}_B$ selbst sind aber im allgemeinen sehr unterschiedlich.

Merkwürdigerweise gibt es bei jeder beliebigen Bewegung der starren Scheibe immer einen Punkt M mit der Eigenschaft, daß die Geschwindigkeit dieses Punktes gleich Null ist:

$$\dot{\mathbf{r}}_P = \dot{\mathbf{r}}_M + \boldsymbol{\omega} \times \mathbf{r}_{MP} = \mathbf{0} + \boldsymbol{\omega} \times \mathbf{r}_{MP} = \boldsymbol{\omega} \times \mathbf{r}_{MP}\,.$$

Diese Vektorgleichung liefert zwei Gleichungen für die zwei unbekannten Koordinaten des Punktes M.

Der Vektor von diesem Bezugspunkt M zum Punkt P auf der Scheibe steht nach Konstruktion senkrecht auf dem Winkelgeschwindigkeitsvektor (er muß also in der Papierebene liegen) und senkrecht auf dem Geschwindigkeitsvektor des Punktes P. Kennt man also die Geschwindigkeit von wenigstens 2 Punkten auf der Scheibe, so kann man den Punkt M einfach konstruieren. Der Schnittpunkt der Senkrechten auf den Geschwindigkeiten bestimmt den Punkt M.

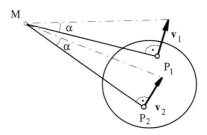

Man nennt M auch *Momentanpol* (oder Momentanzentrum).

Die allgemeine Bewegung einer starren Scheibe in der Ebene läßt sich als reine Drehung um den Momentanpol beschreiben. Der Monentanpol wird sich natürlich im Laufe der Bewegung verschieben.

Vom Punkt M aus erscheinen alle Geschwindigkeitsvektoren unter einem Winkel α, denn legt man ein Polarkoordinatensystem in den Drehpunkt M, bei dem die r–Achse auf einen fest gewählten Punkt P zeigt,

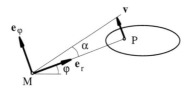

so gilt für die Geschwindigkeit $\mathbf{v}$

$$\mathbf{v} = \boldsymbol{\omega} \times \mathbf{r} = \dot{\varphi}\mathbf{e}_z \times r\mathbf{e}_r = r\omega\mathbf{e}_\varphi$$

und für den Winkel α mit $\mathbf{v} = v\mathbf{e}_\varphi$

$$\tan\alpha = \omega = \frac{v}{r}.$$

Wenn die Scheibe eine rein translatorische Bewegung ausführt, liegt der Momentanpol im Unendlichen.

Der Momentanpol ist für viele Starrkörperbewegungen in der Ebene ein insbesondere für die gedankliche Vorstellung der Bewegung wichtiger Punkt.

Beispiel 17.2

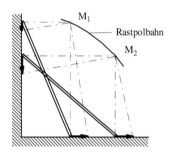

Eine starre Leiter sei schräg an eine Wand angelehnt. Die Leiter fängt an zu rutschen. Wie sieht die Geschwindigkeit der Leiter dabei aus?

Gezeichnet sind die Geschwindigkeiten für zwei unterschiedliche Zeitpunkte. Der Momentanpol bewegt sich in diesem Beispiel auf einem Kreisbogen. Diese Bahn des Momentanpoles nennt man auch Rastpolbahn.

Anmerkung:

Solche grafischen Analysemethoden haben früher eine bedeutende Rolle bei der Konstruktion und Analyse von Mechanismen gespielt. Heute werden solche Analysen im wesentlichen algebraisch oder per Computersimulation durchgeführt.

Eine der wohl wichtigsten Anwendungen des Momentanpoles ist die Formulierung von Rollbedingungen und Formulierungen von kinematischen Abhängigkeiten in Rollensystemen.

Gegeben sei eine starre Kreisscheibe, die auf einer ebenen Unterlage rollt. Rollen heißt, daß der momentane Berührpunkt der Scheibe mit der Unterlage keine Relativgeschwindigkeit zur Unterlage ausführen darf, der Berührpunkt also auf der Unterlage haftet. Dies ist genau dann gegeben, wenn der Momentanpol im Berührpunkt von Scheibe und Untergrund liegt.

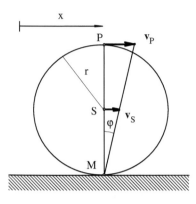

Bild 17.1. Eine auf einer ebenen Unterlage rollende, starre Kreisscheibe

Wie Abbildung 17.1 gezeigt, ist der Betrag von $\mathbf{v}_S$ gleich

$$v_S = \dot{x} = r\omega = r\dot{\varphi}\,.$$

Durch Integration erhält man die Kopplung der Schwerpunktsverschiebung x mit dem Drehwinkel φ der Scheibe:

$$x = r\varphi\,.$$

Diese Beziehung wird allgemein als ebene Rollbedingung bezeichnet.

Anmerkung:

> Eine solche Beziehung zwischen den Koordinaten beim Rollvorgang ist allgemein nur in der Ebene möglich. Sie ist integrabel und heißt holonom („ganzgesetzlich"). Beim Rollen dreidimensionaler Gebilde ist eine solche Beziehung nur noch mit den Zeitableitungen der beteiligten Koordinaten möglich. Die dreidimensionale Rollbedingung ist nicht integrabel, man nennt sie auch nichtholonom.

Das obige Bild der rollenden Scheibe kann man auch anders interpretieren. Das Geschwindigkeitsfeld der Scheibe setzt sich aus zwei Komponenten zusammen.

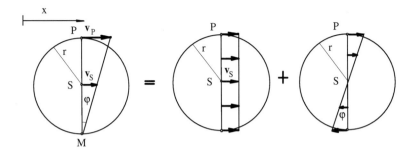

Eine Komponente ist die rein translatorische Bewegung der Scheibe, die andere die reine Drehung der Scheibe um ihren Schwerpunkt. Durch die Addition dieser Geschwindigkeitsfelder entsteht der Momentanpol gerade im Berührpunkt der Scheibe mit der Unterlage. Liegt der Momentanpol nicht im Berührpunkt,

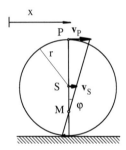

so rollt die Scheibe nicht auf der Unterlage, sondern dreht sich und gleitet gleichzeitig. Der Drehwinkel und die Translationskoordinate sind unabhängige Koordinaten der Scheibe. Die Scheibe hat im Gegensatz zum reinen Rollen zwei Freiheitsgrade.

Aufgabe:

Gegeben sind die drei nachfolgend skizzierten Rollen, über die ohne Rutschen ein undehnbares Seil läuft. Welche kinematischen Beziehungen existieren zwischen den eingetragenen Variablen des Systems?

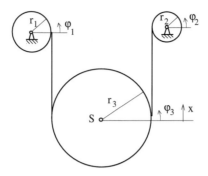

Lösung:

Mit

$$r_1\varphi_1 = x_1\,, \qquad\qquad r_2\varphi_2 = x_2$$

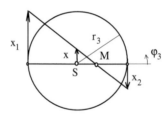

erhält man

$$x = \frac{x_1 - x_2}{2}\,, \qquad\qquad \varphi_3 = -\frac{x_2 + x_1}{2r_3}\,.$$

Mit diesen Informationen können wir nun die Aufgabe wieder aufnehmen, Ihre Maschine zur Verhinderung von Fadenrissen zu beschreiben. Wir hatten das System schon freigeschnitten und die Gleichgewichtsbeziehungen nach d'Alembert aufgestellt. Uns fehlten die Informationen bezüglich der Kinematik. Wie hängt die Höhe x der geführten Zusatzrolle mit der Fadenkraft zusammen?

Tragen wir nocheinmal die in Kapitel 16 benutzten Koordinaten ein,

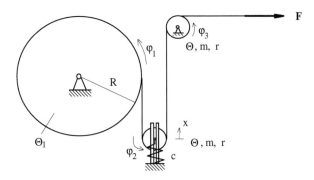

so finden wir durch Vergleich mit der letzten Aufgabe

$$x = \frac{R\varphi_1 - r\varphi_3}{2}, \qquad\qquad \varphi_2 = -\frac{r\varphi_3 + R\varphi_1}{2r}.$$

Für die drei Teilsysteme hatten wir die Beziehungen

a) $\Theta_1\ddot\varphi_1 = -R \cdot S_1$,

b) $\Theta\ddot\varphi_2 = r(S_2 - S_1)$, $\quad m\ddot x = -cx + S_1 + S_2$,

c) $\Theta\ddot\varphi_3 = r(S_2 - F)$

gefunden. Einsetzen der kinematischen Beziehungen liefert nach einfacher Rechnung das Ergebnis:

$$S_1 = -\frac{\Theta_1}{R^2}\ddot x + \frac{\Theta_1 r}{R^2}\ddot\varphi_2,$$
$$S_2 = -\frac{\Theta}{r}\ddot\varphi_2 - \frac{\Theta}{r^2}\ddot x + F,$$
$$F = \left(m + \frac{\Theta_1}{R^2} + \frac{\Theta}{r^2}\right)\ddot x - \left(\frac{\Theta_1 r}{R^2} - \frac{\Theta}{r}\right)\ddot\varphi + cx,$$
$$rF = -\left(\frac{\Theta_1 r}{R^2} - \frac{\Theta}{r}\right)\ddot x + \left(2\Theta + \frac{\Theta_1 r^2}{R^2}\right)\ddot\varphi_2.$$

Das System hat offensichtlich zwei Freiheitsgrade. Diese werden beschrieben durch zwei Differentialgleichungen. Um nun Ihren Chef von Ihrer Idee zu überzeugen, benötigen Sie noch Informationen, wie die Zugkraft F genau aussieht.

Im realen Berufsleben sollten Sie an dieser Stelle sich mit irgendeiner Meßabteilung des Betriebes zusammensetzen und die dortigen Kollegen um die entsprechenden Messungen bitten.

Normalerweise dauert so etwas – je nach Betriebsgröße und Druck von der Chefetage – ein bis zwei Wochen. Nutzen Sie doch die Zeit für das nächste Kapitel über die Starrkörperkinetik. Im übernächsten Kapitel betrachten wir Schwingungen. Dort werden wir auch dann die Lösung dieser linearen Differentialgleichungen vollständig angeben und Ihre Idee bewerten können.

17.2 Der Impulssatz

Wie schon bei den Massenpunktsystemen durchgeführt, können wir das Kraftgleichgewicht eines kleinen Teilchens Δm aus dem starren Körper betrachten.

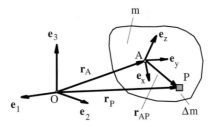

Bei der Summation über alle Teilchen fallen die inneren Kräfte weg. Es verbleibt die Beziehung

$$\sum_m \ddot{\mathbf{r}}_P \Delta m = \sum_i \mathbf{F}_i = \mathbf{F},$$

worin $\mathbf{F}$ die Summe der äußeren Kräfte bezeichnet. Der Übergang zu differentiell kleinen Massenelementen im Körper führt schließlich zu der Integraldarstellung

$$\int_m \ddot{\mathbf{r}}_P \, \mathrm{d}m = \mathbf{F}.$$

Anmerkung: 1:

Der Übergang von kleinen Massenelementen Δm zu differentiell kleinen Elementen $\mathrm{d}m$ ist nötig, um möglichst genau die Masse m zu erfassen. Wenn Sie numerisch das Problem lösen wollen, ist ein durchaus üblicher Weg, die unter Umständen komplexe Masse m in der Form zu diskretisieren, daß Sie das Volumen des Körpers je nach gewünschter Genauigkeit aufteilen in kleine

Würfel, die das Volumen mehr oder weniger genau ausfüllen. Je kleiner Sie diese Würfel wählen, um so genauer können Sie auch das Volumen ausfüllen. Für die Theorie ist der Übergang zu den differentiell kleinen Volumen- bzw. Massenelementen dm ein Schritt, der die Darstellung der Masse und seines Volumens exakt erlaubt.

Anmerkung: 2:

Die Darstellung des Kraftgleichgewichtes eines starren Körpers in der Form

$$\int_m \ddot{\mathbf{r}}_P \mathrm{d}m = \mathbf{F}\,.$$

setzt voraus, daß die inneren Kräfte zwischen je zwei differentiell kleinen Massenelementen dm wirklich nur Wirkungsrichtungen längs der Verbindungslinie dieser beiden Elemente haben, also sogenannte Zentralkräfte sind. Nur dann heben sich die inneren Kräfte bei der Summation bzw. Integration paarweise weg. Wenn ein Volumen kontinuierlich mit Masse ausgefüllt ist, und man einfach daraus zwei Teilvolumen ausschneidet und sie als Massenpunkte ansieht, so sind natürlich auch Kräfte zwischen diesen Teilmassen denkbar, die keine Zentralkräfte sind.

Tatsächlich werden in der sogenannten Kontinuumsphysik auch weitere Axiome benötigt, um die inneren Kräfte als Zentralkräfte zu definieren. Man mache sich aber klar, daß ein solches Kontinuum ein Gedankengebilde ist, das in der Natur nicht existiert. In der Natur hat alle Materie eine atomare Struktur. Die Atome lassen sich als Massenpunkte in der Mechanik ansehen und ihre für die Mechanik interessierenden Wechselwirkungen als Zentralkräfte.

Da die allgemeine Bewegung des starren Körpers Translation und Rotation enthält, ist der Vektor $\ddot{\mathbf{r}}_P$ für jedes Massenelement dm im Integral eine sicher hochkomplizierte Form.

Eine Vereinfachung läßt sich erwarten, wenn wir wieder ein körperfestes Koordinatensystem im starren Körper verwenden. Der Koordinatenursprungspunkt dieses körperfesten Systems A sei dabei beliebig aber fest gewählt. Die Beschreibung eines Punktes P mit der Masse dm im Körper ist von diesem Punkt A aus möglich mit einem Vektor, der sich bezüglich des körperfesten Systems nicht ändert!

Aus Kapitel 17.1 wissen wir

$$\ddot{\mathbf{r}}_P = \ddot{\mathbf{r}}_A + \dot{\boldsymbol{\omega}} \times \mathbf{r}_{AP} + \boldsymbol{\omega} \times (\boldsymbol{\omega} \times \mathbf{r}_{AP}),$$

worin $\boldsymbol{\omega}$ der momentane Drehwinkelgeschwindigkeitsvektor ist. Hiermit führt das Kraftgleichgewicht am starren Körper zu

$$\int_m (\ddot{\mathbf{r}}_A + \dot{\boldsymbol{\omega}} \times \mathbf{r}_{AP} + \boldsymbol{\omega} \times (\boldsymbol{\omega} \times \mathbf{r}_{AP}))\, dm = \mathbf{F}.$$

Hierin sind die Größen $\mathbf{r}_A$, $\boldsymbol{\omega}$ unabhängig von dem Integrationsprozeß. Die obige Gleichung vereinfacht sich also zu

$$\ddot{\mathbf{r}}_A \int_m dm + \dot{\boldsymbol{\omega}} \times \int_m \mathbf{r}_{AP}\, dm + \boldsymbol{\omega} \times (\boldsymbol{\omega} \times \int_m \mathbf{r}_{AP}\, dm) = \mathbf{F}.$$

Der erste Integralausdruck auf der linken Seite ist gerade die Gesamtmasse m des Körpers. In den anderen Integralen ist der Vektor $\mathbf{r}_{AP}$ der Ortsvektor vom Punkt A zum Element dm.

Wenn man speziell als Punkt A den Schwerpunkt S des Körpers wählt, so sind die statischen Momente 1. Ordnung (siehe [2]) gleich Null:

$$\int_m \mathbf{r}_{SP}\, dm \equiv \mathbf{0}.$$

Das Kraftgleichgewicht am starren Körper wird also in Form des Schwerpunktsatzes besonders einfach:

$$m\ddot{\mathbf{r}}_S = \mathbf{F}.$$

Die Schwerpunktsbewegung des Körpers wird dadurch bestimmt, daß alle äußeren Kräfte am Schwerpunkt angreifen.

Mit dem Gesamtimpuls $\mathbf{P} = m\dot{\mathbf{r}}_S$ erhält man den *Impulssatz* für einen starren Körper

$$\dot{\mathbf{P}} = \mathbf{F}.$$

17.3 Der Drallsatz

Das d'Alembertsche Prinzip liefert neben dem Kraftgleichgewicht auch noch das Momentengleichgewicht als Bewegungsgleichung. Teilt man den Körper wieder auf in Massenelemente Δm und summiert wie bei den Massenpunktsystemen über alle Einzeldrehimpulse, so erhält man

$$\sum_m (\mathbf{r}_P \times \ddot{\mathbf{r}}_P)\Delta m = \sum_i (\mathbf{r}_P \times \mathbf{F}_i) = \mathbf{M}^{(O)}$$

und führt man den Übergang auf differentiell kleine Massenelemente dm wie in Kapitel 17.2 aus, gelangt man zu

$$\int_m (\mathbf{r}_P \times \ddot{\mathbf{r}}_P)\, dm = \mathbf{M}^{(O)}\,.$$

Der Index (O) am Gesamtmoment der äußeren Kräfte kennzeichnet den Punkt, um den das Momentengleichgewicht durchgeführt wurde. Mit der Bezeichnung

$$\mathbf{L}^{(O)} = \int_m (\mathbf{r}_P \times \dot{\mathbf{r}}_P)\, dm$$

für den Gesamtdrehimpuls bezüglich des Ursprungspunktes des Inertialsystems schreibt sich der Drallsatz bezüglich O

$$\dot{\mathbf{L}}^{(O)} = \mathbf{M}^{(O)}\,.$$

Anmerkung:

Anders als beim Kraftgleichgewicht, wo nur die Richtung der äußeren Kräfte wesentlich waren, sind hier auch die Kraftangriffspunkte der äußeren Kräfte wesentlich! Üblicherweise sind die äußeren Kräfte Einzelkräfte, die an bestimmten Punkten angreifen. Das Gesamtmoment der äußeren Kräfte ist dann eine endliche Summe:

$$\dot{\mathbf{L}}^{(O)} = \sum_i (\mathbf{r}_P \times \mathbf{F}_i)\,.$$

Es gibt aber auch äußere Kräfte, die an jedem Element dm des starren Körpers angreifen. Man denke etwa an die Gewichtskraft. Die Gewichtskraft verursacht ein äußeres Gesamtmoment $\mathbf{M}^{(O)}$ am starren Körper, daß über die Integralbeziehung

$$\dot{\mathbf{L}}^{(O)} = \int_m (\mathbf{r}_P \times \mathbf{g})\, dm$$

berechnet werden muß (**g** ist die Erdbeschleunigung). Das Integral auf der rechten Seite haben wir im letzten Semester schon mal ausgewertet. Dort hatten wir nach dem Punkt im Körper gefragt, wo dieses Integral identisch Null ist. Das Ergebnis war der Schwerpunkt S des Körpers. Das durch die Gewichtskraft verursachte Moment bezüglich des Ursprungspunktes O war mit der Beziehung

$$\mathbf{r}_P = \mathbf{r}_S + \mathbf{r}_{SP}$$

gleich

$$
\int_m (\mathbf{r}_P \times \mathbf{g})\,\mathrm{d}m = \int_m ((\mathbf{r}_S + \mathbf{r}_{SP}) \times \mathbf{g})\,\mathrm{d}m
$$

$$
= \mathbf{r}_S \times \mathbf{g} \int_m \mathrm{d}m - \mathbf{g} \times \int_m \mathbf{r}_{SP}\,\mathrm{d}m
$$

$$
= \mathbf{r}_S \times m\mathbf{g}
$$

Erinnern Sie sich?

Wenn andere äußere Kräfte kontinuierlich im (sog. Volumenkräfte) oder auf (sog. Oberflächenkräfte, man denke etwa an Windkräfte) dem Körper wirken, muß man die entsprechenden Integrale wohl oder übel explizit lösen.

Auch der Drallsatz läßt sich vereinfachen, wenn wir wieder ein körperfestes Bezugssystem wählen. Dieses körperfeste System sei im Schwerpunkt S verankert.

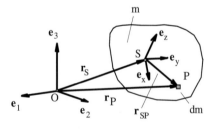

Mit

$$\dot{\mathbf{r}}_P = \dot{\mathbf{r}}_S + \boldsymbol{\omega} \times \mathbf{r}_{SP}\,,$$

wird der Drehimpuls zu

$$\mathbf{L}^{(O)} = \int_m \mathbf{r}_P \times \dot{\mathbf{r}}_P \, dm = \int_m (\mathbf{r}_S + \mathbf{r}_{SP}) \times (\dot{\mathbf{r}}_S + \boldsymbol{\omega} \times \mathbf{r}_{SP}) \, dm \, .$$

Wie schon bei den Massenpunktsystemen aufgezeigt, folgt

$$\mathbf{L}^{(O)} = \mathbf{r}_S \times \dot{\mathbf{r}}_S \int_m dm + \mathbf{r}_S \times \boldsymbol{\omega} \times \int_m \mathbf{r}_{SP} \, dm$$

$$+ \int_m \mathbf{r}_{SP} \, dm \times \dot{\mathbf{r}}_S + \int_m \mathbf{r}_{SP} \times (\boldsymbol{\omega} \times \mathbf{r}_{SP}) dm \, ,$$

und da die statischen Momente 1. Ordnung identisch verschwinden, vereinfacht sich der Drehimpuls zu

$$\mathbf{L}^{(O)} = \mathbf{r}_S \times m\dot{\mathbf{r}}_S + \int_m \mathbf{r}_{SP} \times (\boldsymbol{\omega} \times \mathbf{r}_{SP}) dm \, .$$

Hierin ist der erste Term das Kreuzprodukt des Vektors zum Schwerpunkt des starren Körpers mit dem Gesamtimpuls $\mathbf{P}$ und der zweite Term wegen

$$\int_m \mathbf{r}_{SP} \times (\boldsymbol{\omega} \times \mathbf{r}_{SP}) dm = \int_m \mathbf{r}_{SP} \times \dot{\mathbf{r}}_{SP} \, dm = \mathbf{L}^{(S)}$$

gerade der Drehimpuls bezüglich des Schwerpunktes.

Mit diesen Umrechnungen nimmt der Drallsatz also die Form an:

$$\frac{d}{dt} \mathbf{L}^{(O)} = \mathbf{r}_S \times \dot{\mathbf{P}} + \frac{d}{dt} \mathbf{L}^{(S)} = \mathbf{M}^{(O)} \, .$$

Auch die rechte Seite kann man umformulieren. Mit

$$\mathbf{M}^{(O)} = \sum_i (\mathbf{r}_P \times \mathbf{F}_i)$$

$$= \sum_i ((\mathbf{r}_S + \mathbf{r}_{SP}) \times \mathbf{F}_i)$$

$$= \mathbf{r}_S \times \sum_i \mathbf{F}_i + \sum_i (\mathbf{r}_{SP} \times \mathbf{F}_i)$$

hat man das Gesamtmoment der äußeren Kräfte zerlegt in das Moment der Summe aller äußeren Kräfte $\mathbf{F}$ – im Schwerpunkt vereint – bezogen auf den Ursprungspunkt O und in das Moment der äußeren Kräfte bezogen auf den

Schwerpunkt des Systems. Der erste Term auf der rechten Seite wird aber mit dem Schwerpunktsatz bzw. Impulssatz zu

$$\mathbf{r}_S \times \sum_i \mathbf{F}_i = \mathbf{r}_S \times \mathbf{F} = \mathbf{r}_S \times \dot{\mathbf{P}} \, .$$

Dieser Term steht auch auf der linken Seite des Drallsatzes und liefert schließlich den Drallsatz in der Form

$$\frac{\mathrm{d}}{\mathrm{d}t} \mathbf{L}^{(S)} = \mathbf{M}^{(S)} \, .$$

Diese Form des Drallsatzes ist besonders angenehm, wie sich noch zeigen wird, weil man den Drehimpuls hier im körperfesten Koordinatensystem beschreiben kann.

Es gibt noch eine technisch besonders wichtige Form des Drallsatzes, wo man den Drall im körperfesten System beschreiben kann, ohne daß der Ursprungspunkt der Schwerpunkt sein muß. Bei vielen Anwendungen (z. B. Kreisel) ist ein Punkt des starren Körpers fixiert, also raumfest gelagert.

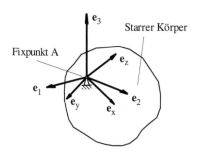

Legt man in diesen Punkt den Ursprungspunkt des Inertialsystems und auch den Ursprungspunkt des körperfesten Systems, so gilt für den Vektor zu einem beliebigen Punkt im Körper

$$\dot{\mathbf{r}}_P = \boldsymbol{\omega} \times \mathbf{r}_P \, ,$$

und der Drehimpuls wird zu

$$\mathbf{L}^{(A)} = \int_m \mathbf{r}_P \times \dot{\mathbf{r}}_P \, \mathrm{d}m = \int_m \mathbf{r}_P \times (\boldsymbol{\omega} \times \mathbf{r}_P) \, \mathrm{d}m$$

und kann im körperfesten System ausgewerten werden.

Man beachte, daß ein starrer Körper, dessen Drehachse raumfest gelagert ist (z. B. Rotor) beliebig viele Fixpunkte auf seiner raumfesten Achse besitzt.

Zusammenfassung:

Der *Drallsatz* lautet

$$\frac{\mathrm{d}}{\mathrm{d}t}\mathbf{L}^{(O)} = \mathbf{M}^{(O)}\,.$$

Hierin ist der Bezugspunkt X

a) der *Ursprungspunkt eines Inertialsystems* $(X = O)$ und

$$\mathbf{L}^{(O)} = \int_{m} \mathbf{r} \times \dot{\mathbf{r}}\,\mathrm{d}m\,,$$

b) der *Schwerpunkt des starren Körpers* $(X = S)$ und mit

$$\dot{\mathbf{r}} = \boldsymbol{\omega} \times \mathbf{r} \quad \text{gilt} \quad \mathbf{L}^{(S)} = \int_{m} \mathbf{r} \times (\boldsymbol{\omega} \times \mathbf{r})\,\mathrm{d}m$$

oder

c) ein *raumfester Fixpunkt* $(X = A)$, um den der Körper rotiert, und mit

$$\dot{\mathbf{r}} = \boldsymbol{\omega} \times \mathbf{r} \quad \text{gilt} \quad \mathbf{L}^{(A)} = \int_{m} \mathbf{r} \times (\boldsymbol{\omega} \times \mathbf{r})\,\mathrm{d}m\,.$$

(b) und c) sind Darstellungen im körperfesten System.)

Die Beziehung zwischen dem Drallsatz bezogen auf den Urspungspunkt eines Inertialsystems und dem Drallsatz bezogen auf den Schwerpunkt des starren Körpers ist

$$\mathbf{r}_S \times \dot{\mathbf{P}} + \frac{\mathrm{d}}{\mathrm{d}t}\mathbf{L}^{(S)} = \mathbf{r}_S \times \mathbf{F} + \mathbf{M}^{(S)}\,.$$

Der Drallsatz in der Form a) gilt immer, der Drehimpuls hat aber im Inertialsystem im allgemeinen eine sehr unangenehme und per Hand kaum mehr fehlerfrei beherrschbare Form. Wenn der Drehimpuls sich darstellen läßt in der Form

$$\mathbf{L} = \int_{m} \mathbf{r} \times (\boldsymbol{\omega} \times \mathbf{r})\,\mathrm{d}m\,,$$

kann man ihn im körperfesten Koordinatensystem in einfacher Weise direkt berechnen.

17.4 Trägheitsmomente

Mit der Identität

$$\mathbf{r} \times (\boldsymbol{\omega} \times \mathbf{r}) = \boldsymbol{\omega}(\mathbf{r}^2) - \mathbf{r}(\boldsymbol{\omega}\mathbf{r})$$

läßt sich der Drehimpuls schreiben als

$$\mathbf{L}^{(S)} = \int\limits_{m} (\mathbf{r}_{SP} \times (\boldsymbol{\omega} \times \mathbf{r}_{SP}))\, \mathrm{d}m$$

$$= \int\limits_{m} \left(\boldsymbol{\omega}(\mathbf{r}_{SP}^2) - \mathbf{r}_{SP}(\boldsymbol{\omega}\mathbf{r}_{SP}) \right) \mathrm{d}m\,.$$

Setzt man nun explizit die Vektoren

$$\mathbf{r}_{SP} = x\mathbf{e}_x + y\mathbf{e}_y + z\mathbf{e}_z$$
$$\boldsymbol{\omega} = \omega_x\mathbf{e}_x + \omega_y\mathbf{e}_y + \omega_z\mathbf{e}_z$$

ein, so erhält man

$$\mathbf{L}^{(S)} = \int\limits_{m} \left\{ \omega_x(x^2 + y^2 + z^2)\mathbf{e}_x + \omega_y(x^2 + y^2 + z^2)\mathbf{e}_y \right.$$

$$\left. + \omega_z(x^2 + y^2 + z^2)\mathbf{e}_z \right\} \mathrm{d}m$$

$$- \int\limits_{m} \left\{ x(\omega_x x + \omega_y y + \omega_z z)\mathbf{e}_x + y(\omega_x x + \omega_y y + \omega_z z)\mathbf{e}_y \right.$$

$$\left. + z(\omega_x x + \omega_y y + \omega_z z)\mathbf{e}_z \right\} \mathrm{d}m$$

Sammelt man die Terme nach den Einheitsvektoren der körperfesten Basis und beachtet, daß die Komponenten des Drehgeschwindigkeitsvektors unabhängig von den Integrationsprozessen sind, so vereinfacht sich der Drehimpuls zu

$$\mathbf{L}^{(S)} = \left(\int\limits_{m} (y^2 + z^2)\, \mathrm{d}m\, \omega_x - \int\limits_{m} xy\, \mathrm{d}m\, \omega_y - \int\limits_{m} xz\, \mathrm{d}m\, \omega_z \right) \mathbf{e}_x$$

$$+ \left(-\int\limits_{m} yx\, \mathrm{d}m\, \omega_x + \int\limits_{m} (x^2 + z^2)\, \mathrm{d}m\, \omega_y - \int\limits_{m} yz\, \mathrm{d}m\, \omega_z \right) \mathbf{e}_y$$

$$+ \left(-\int\limits_{m} zx\, \mathrm{d}m\, \omega_x - \int\limits_{m} zy\, \mathrm{d}m\, \omega_y + \int\limits_{m} (x^2 + y^2)\, \mathrm{d}m\, \omega_z \right) \mathbf{e}_z$$

und findet für die Komponenten des Drehimpulsvektors im körperfesten System schließlich die einprägsame Form

$$
\begin{pmatrix} L_x^{(S)} \\ L_y^{(S)} \\ L_z^{(S)} \end{pmatrix} = \begin{pmatrix} \int\limits_m (y^2 + z^2)\,\mathrm{d}m & -\int\limits_m xy\,\mathrm{d}m & -\int\limits_m xz\,\mathrm{d}m \\ -\int\limits_m yx\,\mathrm{d}m & \int\limits_m (x^2 + z^2)\,\mathrm{d}m & -\int\limits_m yz\,\mathrm{d}m \\ -\int\limits_m zx\,\mathrm{d}m & -\int\limits_m zy\,\mathrm{d}m & \int\limits_m (x^2 + y^2)\,\mathrm{d}m \end{pmatrix} \begin{pmatrix} \omega_x \\ \omega_y \\ \omega_z \end{pmatrix} .
$$

Die Matrix ist symmetrisch und enthält nur geometrische Eigenschaften des Körpers in Verbindung mit seiner Massenbelegung. Für diese Matrix hat sich die Bezeichnung (Koeffizienten des) *Trägheitstensor*(s) mit der Nomenklatur

$$
\begin{pmatrix} L_x^{(S)} \\ L_y^{(S)} \\ L_z^{(S)} \end{pmatrix} = \begin{pmatrix} \Theta_x & -\Theta_{xy} & -\Theta_{xz} \\ -\Theta_{yx} & \Theta_y & -\Theta_{yz} \\ -\Theta_{zx} & -\Theta_{zy} & \Theta_z \end{pmatrix} \begin{pmatrix} \omega_x \\ \omega_y \\ \omega_z \end{pmatrix}
$$

durchgesetzt. Man bezeichnet die Größen Θ_x, Θ_y, Θ_z auf der Hauptdiagonalen als *Massenträgheitsmomente* bezüglich der x–, y– und z–Achse. Die Größen $\Theta_{xy} = \Theta_{yx}$, $\Theta_{xz} = \Theta_{zx}$, $\Theta_{xz} = \Theta_{zx}$ nennt man *Deviationsmomente* (oder Zentrifugalmomente).

Die Integrale müssen die Massenelemente $\mathrm{d}m$ jeweils über den gesamten Körper aufsummieren. Für das Massenträgheitsmoment $\Theta_{xz} = \Theta_{zx}$ ist dies ausführlich

$$
\Theta_z = \int\limits_m (x^2 + y^2)\,\mathrm{d}m = \int\limits_{z_1}^{z_2} \int\limits_{y_1}^{y_2} \int\limits_{x_1}^{x_2} (x^2 + y^2)\rho\,\mathrm{d}x\,\mathrm{d}y\,\mathrm{d}z ,
$$

worin r die Massendichte bezeichnet.

Aufgabe:

Man berechne die Trägheitsmomente und Deviationsmomente eines Quaders bezüglich der eingezeichneten Achsen durch den Schwerpunkt. Die Dichte ist konstant im Quader.

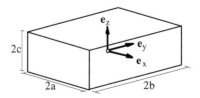

Lösung:

Für die Massenträgheitsmomente findet man

$$\Theta_x = \int_m (y^2 + z^2)\,\mathrm{d}m = \int_{-c}^{c}\int_{-b}^{b}\int_{-a}^{a} (y^2 + z^2)\rho\,\mathrm{d}x\,\mathrm{d}y\,\mathrm{d}z$$

$$= \rho\frac{8}{3}cb^3a + \rho\frac{8}{3}abc^3 = \frac{8\rho}{3}abc\left(b^2 + c^2\right) = \frac{m}{3}\left(b^2 + c^2\right)$$

und analog

$$\Theta_y = \frac{m}{3}(a^2 + c^2)\,,\Theta_z = \frac{m}{3}(a^2 + b^2).$$

Für die Deviationsmomente findet man

$$\Theta_{xy} = \int_m xy\,\mathrm{d}m = \int_{-c}^{c}\int_{-b}^{b}\int_{-a}^{a} xy\rho\,\mathrm{d}x\,\mathrm{d}y\,\mathrm{d}z \equiv 0$$

und entsprechend

$$\Theta_{xz} = 0\,,\qquad \Theta_{yz} = 0\,.$$

In diesem Beispiel sind die Deviationsmomente identisch Null. Dies ist eine Folge der Symmetrie des Körpers bezüglich der gewählten Achsen. In diesem körperfesten Koordinatensystem haben die Komponenten des Drehimpulses die einfache Form

$$\begin{pmatrix} L_x^{(S)} \\ L_y^{(S)} \\ L_z^{(S)} \end{pmatrix} = \begin{pmatrix} \Theta_x & 0 & 0 \\ 0 & \Theta_y & 0 \\ 0 & 0 & \Theta_z \end{pmatrix}\begin{pmatrix} \omega_x \\ \omega_y \\ \omega_z \end{pmatrix}.$$

Bei dieser Diagonalform bezeichnet man die Trägheitsmomente als *Hauptträgheitsmomente*, die zugehörigen Achsen des körperfesten Systems als *Hauptträgheitsachsen* und das körperfeste Koordinatensystem als *Hauptachsensystem*.

Anmerkung:

Ganz analog zu den Überlegungen über Flächenträgheitsmomente kann man zeigen, daß es immer ein orthonormales Hauptachsensystem im Körper gibt, für das die Deviationsmomente identisch Null sind. Wenn der Körper Symmetrieachsen hat, dann liegen die Hauptachsen auf den Symmetrieachsen.

Der Trägheitstensor hat in dieser Hinsicht mathematisch exakt dieselben Eigenschaften wie der Spannungs- oder Dehnungstensor. Im ersten Semester haben wir explizit über ein Eigenwertproblem die Hauptachsen solcher symmetrischen Tensoren gesucht.

Aufgabe:

Gegeben sei ein sog. physikalisches Pendel, welches sich um die raumfest gelagerte z–Achse dreht. Gesucht ist das Trägheitsmoment bezüglich der z–Achse.

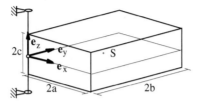

Lösung:

Gesucht ist das Trägheitsmoment Θ_z. In der vorhergehenden Aufgabe haben wir dieses Trägheitsmoment um den Schwerpunkt S schon berechnet.

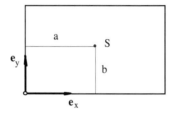

Es gilt

$$\Theta_z = \int_m (x^2 + y^2)\, \mathrm{d}m\,.$$

Schreiben wir die Koordinaten so um, daß die Schwerpunktskoordinaten x_s, y_s sichtbar werden

$$x = x_s + a\,, \qquad\qquad y = y_s + b\,,$$

so läßt sich das gesuchte Trägheitsmoment umschreiben zu

$$\Theta_z = \int_m ((x_s - a)^2 + (y_s - b)^2)\, \mathrm{d}m$$

$$= \int_m (x_s^2 + y_s^2)\, \mathrm{d}m + 2a \int_m x_s\, \mathrm{d}m + 2b \int_m y_s\, \mathrm{d}m + (a^2 + b^2) \int_m \mathrm{d}m\,.$$

163

Da die statischen Momente 1. Ordnung identisch verschwinden, verbleibt die Beziehung

$$\Theta_z = \Theta_z^{(S)} + m(a^2 + b^2)\,,$$

worin

$$\Theta_z^{(S)} = \frac{m}{3}(a^2 + b^2)$$

das in der vorhergehenden Aufgabe berechnete Trägheitsmoment ist. Diese Gleichung gibt den Satz von Steiner wieder, der hier völlig analog zu den entsprechenden Aussagen bei den Flächenträgheitsmomenten gilt:

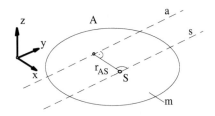

$$\Theta_A = \Theta_S + r_{AS}^2 m\,.$$

Eine Tabelle von Trägheitsmomenten einiger wichtiger Körper finden Sie auf den Formelblattseiten der Übungsblätter.

17.5 Die Eulerschen Kreiselgleichungen

Der Drallsatz lautet (vgl. 17.3)

$$\dot{\mathbf{L}}^{(A)} = \mathbf{M}^{(A)}\,,$$

worin A den Ursprungspunkt des Inertialsystems, den Schwerpunkt oder einen raumfesten Drehpunkt kennzeichnet. Die Ableitung des Drehimpulses, dargestellt im körperfesten System, führt auf

$$
\begin{aligned}
\dot{\mathbf{L}}^{(A)} &= \frac{\mathrm{d}}{\mathrm{d}t}\left(L_x^{(A)}\mathbf{e}_x + L_y^{(A)}\mathbf{e}_y + L_z^{(A)}\mathbf{e}_z \right) \\
&= \dot{L}_x^{(A)}\mathbf{e}_x + \dot{L}_y^{(A)}\mathbf{e}_y + \dot{L}_z^{(A)}\mathbf{e}_z + \\
&\quad + L_x^{(A)}\boldsymbol{\omega} \times \mathbf{e}_x + L_y^{(A)}\boldsymbol{\omega} \times \mathbf{e}_y + L_z^{(A)}\boldsymbol{\omega} \times \mathbf{e}_z\,, \\
&= \dot{\underline{L}}^{(A)^T}\underline{\mathbf{e}} + \boldsymbol{\omega} \times \underline{L}^{(A)^T}\underline{\mathbf{e}} \\
&= \mathbf{M}^{(A)}
\end{aligned}
$$

da ja die Basisvektoren körperfeste Vektoren sind.

Ausführlich lauten diese Gleichungen, da die Massenträgheitsmomente und die Deviationsmomente im körperfesten System konstant sind,

$$\begin{pmatrix} \Theta_x & -\Theta_{xy} & -\Theta_{xz} \\ -\Theta_{yx} & \Theta_y & -\Theta_{yz} \\ -\Theta_{zx} & -\Theta_{zy} & \Theta_z \end{pmatrix} \begin{pmatrix} \dot{\omega}_x \\ \dot{\omega}_y \\ \dot{\omega}_z \end{pmatrix}$$

$$+ \begin{pmatrix} 0 & -\omega_z & \omega_y \\ \omega_z & 0 & -\omega_x \\ -\omega_y & \omega_x & 0 \end{pmatrix} \begin{pmatrix} \Theta_x & -\Theta_{xy} & -\Theta_{xz} \\ -\Theta_{yx} & \Theta_y & -\Theta_{yz} \\ -\Theta_{zx} & -\Theta_{zy} & \Theta_z \end{pmatrix} \begin{pmatrix} \omega_x \\ \omega_y \\ \omega_z \end{pmatrix}$$

$$= \begin{pmatrix} M_x^{(A)} \\ M_y^{(A)} \\ M_z^{(A)} \end{pmatrix} .$$

In einem Hauptachsensystem des Körpers sind die Deviationsmomente Null und die Komponenten des Drallsatzes haben die Form

$$\Theta_x \dot{\omega}_x - (\Theta_y - \Theta_z)\omega_y\omega_z = M_x \,,$$

$$\Theta_y \dot{\omega}_y - (\Theta_z - \Theta_x)\omega_z\omega_x = M_y \,,$$

$$\Theta_z \dot{\omega}_z - (\Theta_x - \Theta_y)\omega_x\omega_y = M_z \,.$$

Diese Gleichungen werden *Eulersche Kreiselgleichungen* genannt.

Anmerkung:

Die Eulerschen Kreiselgleichungen stellen ein nichtlineares Differentialgleichungssystem 1. Ordnung für die Koeffizienten des Drehgeschwindigkeitsvektors ω dar. Die Lagewinkel selbst hat man damit noch nicht (siehe Relativkinematik).

Die Eulerschen Gleichungen haben historisch gesehen zunächst die Berechnung von Kreiseln möglich gemacht. Kreisel sind spezielle, sehr schnell rotierende starre Körper, die auch heute noch wesentlich zur Orientierung und Lagestabilisierung eingesetzt werden.

Beispiel 17.3   (Momentenfreier Kreisel)

Ein rotationssymmetrischer starrer Körper ist genau in seinem Schwerpunkt drehbar und reibungsfrei gelagert.

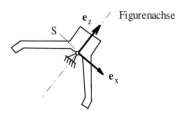

Bild 17.2. Momentenfreier Kreisel

Die Gewichtskraft verursacht wegen der Aufhängung des Körpers im Schwerpunkt kein äußeres Moment (andernfalls nennt man den Kreisel auch schweren Kreisel).

Mit den Anfangsbedingungen $\omega_z = \omega\,,\omega_x = 0, \omega_y = 0$ liefern die Eulerschen Gleichungen

$$\Theta_x \dot\omega_x - (\Theta_y - \Theta_z)\omega_y\omega_z = 0\,,$$
$$\Theta_y \dot\omega_y - (\Theta_z - \Theta_x)\omega_z\omega_x = 0\,,$$
$$\Theta_z \dot\omega_z - (\Theta_x - \Theta_y)\omega_x\omega_y = 0\,.$$

die Lösung

$$\omega_x \equiv 0\,, \qquad \omega_y \equiv 0\,, \qquad \omega_z \equiv \omega\,,$$

die aufzeigt, daß der Drehgeschwindigkeitsvektor $\boldsymbol{\omega} = \omega\mathbf{e}_z$ dieselbe Richtung wie der konstante Drehimpuls $\mathbf{L} = \Theta_z\omega\mathbf{e}_z$ besitzt. Die Figurenachse des Kreisels ist damit auch raumfest, unabhängig davon, wie der Schwerpunkt des Kreisels bewegt wird. Dieses Prinzip nutzt man zur Lageorientierung.

In zweidimensionalen Beispielen ist die Drehachse nur die $\mathbf{e}_z$–Achse. Im allgemeinen Fall liefern die Eulerschen Kreiselgleichungen mit $\omega_x \equiv 0$ und $\omega_y \equiv 0$ die drei Gleichungen

$$M_x = -\Theta_{xy}\dot\omega_z + \Theta_{yz}\omega_z^2$$
$$M_y = -\Theta_{yz}\dot\omega_z - \Theta_{xz}\omega_z^2$$
$$M_z = \Theta_z\dot\omega_z$$

Die Deviationsmomente sorgen hier dafür, daß bei der Drehung des starren Körpers in der Ebene nicht nur ein Moment um die Ebenennormale sondern auch mitdrehende Momente in x– und y–Richtung auftreten. Diese lagerbelastenden Momente versucht man beim Auswuchten von Rotationskörpern (man denke an einen Autoreifen) zu minimieren, indem durch Zusatzgewichte die Deviationsmomente des Körpers möglichst klein gemacht werden.

In den hier betrachteten ebenen Beispielen ist die Drehachse durch den Schwerpunkt immer auch eine Hauptachse. Die Eulerschen Gleichungen liefern dann wieder die bekannte Form

$$\Theta_z \dot{\omega}_z = M_z \,,$$

bzw. mit $\omega_z = \dot{\varphi}$

$$\Theta_z \ddot{\varphi} = M_z \,.$$

Beispiel 17.4   (Maxwellsches Rad)

Gegeben sei ein aufgewickeltes Jojospiel, daß aus der Ruhelage bei gespanntem Faden losgelassen wird. Wie bewegt sich der Körper, wenn er die Strecke H durchfällt?

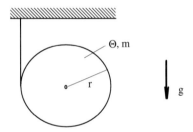

Lösung:

Das Freischneiden des Systems

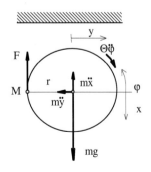

liefert nach d'Alembert die Gleichungen

$$m\ddot{y} = 0$$
$$m\ddot{x} = mg - F$$
$$\Theta\ddot{\varphi} = -rF$$

Offensichtlich bewegt sich die Scheibe nicht in y–Richtung, da mit den Anfangsbedingungen aus der ersten Gleichung direkt folgt

$$y \equiv 0\,.$$

Durch den Faden bewegt sich die Scheibe um den Punkt M, den Momentanpol. Hieraus folgt die Abhängigkeit der verbleibenden Koordinaten

$$x = -r\varphi\,.$$

Um den Bewegungszustand zu analysieren, nutzt man am einfachsten den Energiesatz. In der Ausgangsposition ist

$$E_{\text{kin},1} = 0\,, \qquad\qquad E_{\text{pot},1} = mgH\,.$$

Nach dem Durchlaufen der Strecke $x = H$ gilt:

$$E_{\text{kin},2} = \frac{1}{2}m\dot{x}^2 + \frac{1}{2}\Theta\dot{\varphi}^2\,, \qquad\qquad E_{\text{pot},2} = 0\,.$$

Unter Berücksichtigung der Kinematik liefert der Energiesatz

$$\frac{1}{2}m\dot{x}^2 + \frac{1}{2}\frac{\Theta}{r^2}\dot{x}^2 = mgH$$

bzw.

$$\dot{x} = \sqrt{\frac{2gH}{\left(1 + \frac{\Theta}{mr^2}\right)}}\,.$$

Anmerkung:

Das Trägheitsmoment der Scheibe ist $\Theta = \frac{1}{2}mr^2$. Für die Geschwindigkeit gilt damit

$$\dot{x} = \sqrt{\frac{4gH}{3}}\,.$$

Die Scheibe fällt also deutlich langsamer nach unten, als ein gleichschwerer Körper, der ohne Drehung (siehe vorne) nach der Strecke H die Geschwindigkeit

$$\dot{x}' = \sqrt{2gH}$$

besitzt.

18 Relativkinetik

Ein Basissystem haben wir als Inertialsystem bezeichnet, wenn in ihm die Newtonschen Gesetze galten. Sehr häufig sitzen wir als Beoabachter eines mechanischen Systems aber auf einer irgendwie im Raum bewegten Basis – man denke an die Erdbewegung um die Sonne. Wie sich dadurch die mechanischen Grundgleichungen ändern, ist Inhalt dieses Kapitels.

18.1 Scheinkräfte

Der Einfachheit halber wollen wir einen Massenpunkt betrachten, an dem eine Kraft $\mathbf{F}$ angreift. Das Basissystem

$$\{O, \mathbf{e}_1, \mathbf{e}_2, \mathbf{e}_3\}$$

mit dem Koordinatenursprungspunkt O und den Basisvektoren $\mathbf{e}_i$ sei ein Inertialsystem.

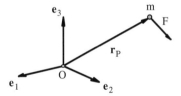

Das zweite Newtonsche Gesetz führt auf die vektorielle Bewegungsgleichung

$$m\ddot{\mathbf{r}}_P = \mathbf{F}.$$

Ein Vektor $\mathbf{r}$ kann in diesem Basissystem dargestellt werden als (siehe [2, Kapitel 3])

$$\mathbf{r} = \underline{r}^T \underline{\mathbf{e}} = \underline{\mathbf{e}}^T \underline{r},$$

mit

$$\underline{r} = \begin{pmatrix} r_1 \\ r_2 \\ r_3 \end{pmatrix}, \qquad \underline{\mathbf{e}} = \begin{pmatrix} \mathbf{e}_1 \\ \mathbf{e}_2 \\ \mathbf{e}_3 \end{pmatrix}.$$

Die obige Bewegungsgleichung

$$m\ddot{\mathbf{r}}_P = \mathbf{F}$$

hat im Inertialsystem die Darstellung

$$m\underline{\ddot{r}}^T\underline{e} = \underline{F}^T\underline{e} \quad (\text{oder } m\underline{e}^T\underline{\ddot{r}} = \underline{e}^T\underline{F}),$$

da die zeitlichen Ableitungen der Basisvektoren identisch Null sind.

Hieraus läßt sich sofort die Koeffizientendarstellung der Bewegungsgleichung im Basissystem $\underline{e}$ ablesen zu

$$m\underline{\ddot{r}}^T = \underline{F}^T (\text{oder } m\underline{\ddot{r}} = \underline{F}).$$

Lassen Sie uns annehmen, daß wir wie in Kapitel 13.5 noch ein bewegtes Basissystem im Raum haben, das im Schwerpunkt eines starren Körpers verankert ist.

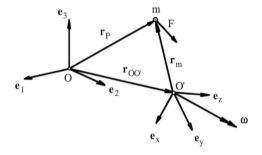

Das zweite Basissystem $\{O', \mathbf{e}_x, \mathbf{e}_y, \mathbf{e}_z\}$ habe den Ursprungspunkt O' und die Basisvektoren $\mathbf{e}_x, \mathbf{e}_y, \mathbf{e}_z$. Diese Basis soll genau so wie die Inertialbasis ein orthonormales, das heißt kartesisches System sein. Das Tupel dieser Basisvektoren sei mit $\underline{e}'$ gekennzeichnet:

$$\underline{e}' = \begin{pmatrix} \mathbf{e}_x \\ \mathbf{e}_y \\ \mathbf{e}_z \end{pmatrix}.$$

Der Ort des Massenpunktes m kann nun ausgedrückt werden als Vektorsumme

$$\mathbf{r}_P = \mathbf{r}_{OO'} + \mathbf{r}_m.$$

Jeder dieser Vektoren kann in einem der beiden Basissysteme dargestellt werden. Üblicherweise wird man die Vektoren in dem jeweils bequemsten Basissystem darstellen.

$$\underline{r}_P^T\underline{e} = \underline{r}_{OO'}^T\underline{e} + \underline{r}_m^T\underline{e}'.$$

Die Basistransformation von $\underline{\mathbf{e}}$ nach $\underline{\mathbf{e}}'$ wird durch die orthogonale Matrix $\underline{\underline{D}}$ dargestellt, die die Verdrehung der Basisvektoren von $\underline{\mathbf{e}}$ und $\underline{\mathbf{e}}'$ beschreibt:

$$\underline{\mathbf{e}}' = \underline{\underline{D}}\,\underline{\mathbf{e}}, \qquad \underline{\underline{D}}^{-1} = \underline{\underline{D}}^{T}\,.$$

Mit

$$\mathbf{r}_P = \mathbf{r}_{OO'} + \mathbf{r}_m \qquad \text{ist die Beschleunigung nach Kapitel 13.5}$$
$$\ddot{\mathbf{r}}_P = \ddot{\mathbf{r}}_{OO'} + \ddot{\mathbf{r}}_m$$
$$\underbrace{\ddot{\mathbf{r}}_P}_{\mathbf{a}_A} = \underbrace{\ddot{\mathbf{r}}_{OO'} + \dot{\boldsymbol{\omega}} \times \mathbf{r}_m + \boldsymbol{\omega} \times (\boldsymbol{\omega} \times \mathbf{r}_m)}_{\mathbf{a}_F} + \underbrace{\mathbf{r}_m^{**}}_{\mathbf{a}_R} + \underbrace{2\boldsymbol{\omega} \times \mathbf{r}_m^{*}}_{\mathbf{a}_C}$$

mit $\mathbf{a}_A$ als Absolutbeschleunigung des Massenpunktes m, die sich additiv aufteilt in die Führungsbeschleunigung $\mathbf{a}_F$, die Relativbeschleunigung $\mathbf{a}_R$ und die Coriolisbeschleunigung $\mathbf{a}_C$.

Ein Beobachter im mitbewegten System $\underline{\mathbf{e}}'$ kann nur die Relativbeschleunigung des Massenpunktes messen und ordnet dem Massenpunkt m die Trägheitskraft $m\mathbf{a}_R$ zu.

Setzt man die Identität

$$\ddot{\mathbf{r}}_P = \mathbf{a}_F + \mathbf{a}_R + \mathbf{a}_C$$

in die Bewegungsgleichung ein, so erhält man für die Trägheitskraft $m\mathbf{a}_R$

$$m\mathbf{a}_R = \mathbf{F} - m\mathbf{a}_F - m\mathbf{a}_C$$

bzw.

$$m\mathbf{a}_R = \mathbf{F} + \mathbf{F}_F + \mathbf{F}_C\,.$$

Auf der rechten Seite stehen neben der Kraft $\mathbf{F}$, die auch ein Beobachter im Inertialsystem messen würde, weitere Kräfte, die nur der Beobachter im mitbewegten Koordinatensystem registriert.

Man nennt

$$\mathbf{F}_F = -m\mathbf{a}_F = -m(\ddot{\mathbf{r}}_{OO'} + \dot{\boldsymbol{\omega}} \times \mathbf{r}_m + \boldsymbol{\omega} \times (\boldsymbol{\omega} \times \mathbf{r}_m))$$

die *Führungskraft* und

$$\mathbf{F}_C = -m\mathbf{a}_C = -2m(\boldsymbol{\omega} \times \mathbf{r}_m^{*})$$

die *Corioliskraft*.
Führungs- und Corioliskraft werden auch *Scheinkräfte* genannt, weil für sie nicht das Prinzip „actio gleich reactio" gilt.

Gleichwohl sind diese Kräfte ganz real für den mitbewegten Beobachter vorhanden.

Man kann nun konkret die Bewegungsgleichungen auch in einem beliebig mitbewegten System wie gewohnt aufstellen, muß aber immer die Führungs- und Corioliskräfte als weitere äußere Kräfte mit berücksichtigen.

Anmerkung:

Warum will man überhaupt die Bewegungsgleichungen in einem mitbewegten Koordinatensystem beschreiben?

Dies ist sicher dann sinnvoll, wenn etwa die Kräfte oder aber die Geometrie im mitbewegten System sehr einfach beschrieben werden können, im Inertialsystem aber hochkompliziert sind. Ein Beispiel hierfür sind die Komponenten des Trägheitstensors, die in einer bewegten körperfesten Basis konstant sind.

Auch können die Bewegungsgleichungen im mitbewegten System einfacher lösbar sein als im Inertialsystem. Hierzu folgt weiter unten ein Beispiel.

Nur in einem Inertialsystem sind Führungs- und Corioliskräfte identisch Null! Wenn für die Basistransformation gilt:

$$\underline{e}' = \underline{\underline{D}}\,\underline{e} \quad \text{mit} \quad \underline{\underline{\dot{D}}} \equiv \underline{\underline{0}} \Leftrightarrow \underline{\dot{e}}' = \underline{0} \Leftrightarrow \boldsymbol{\omega} = \mathbf{0}\,,$$

also die Verdrehung von $\underline{e}'$ gegenüber $\underline{e}$ zeitkonstant ist, dann ist die Corioliskraft identisch Null. Wenn zusätzlich die Beschleunigung $\ddot{\mathbf{r}}_{OO'}$ des Ursprungspunktes O' bezogen auf das Inertialsystem gleich Null ist, dann ist auch die Führungskraft identisch Null. Damit ist dann nicht nur das System $\underline{e}$ ein Inertialsystem, sondern auch das System $\underline{e}'$.

Jedes Basissystem, das sich mit konstanter Geschwindigkeit ohne zeitabhängige Drehungen bezüglich eines Inertialsystems bewegt, ist auch ein Inertialsystem. In ihm gelten die Newtonschen Gesetze in exakt derselben Form wie in jedem anderen Inertialsystem. Mit der nichtrelativistischen Mechanik sind diese Basissysteme nicht unterscheidbar!

Will man die Bewegungsgleichungen im mitbewegten System aufstellen, so muß man sich darüber im Klaren sein, in welchem Basissystem die Komponenten der einzelnen Vektoren gegeben sind. Hier hilft wieder die Tupelschreibweise.

In der Bewegungsgleichung

$$m\mathbf{a}_R = \mathbf{F} + \mathbf{F}_F + \mathbf{F}_C$$

ist die Relativbeschleunigung im mitbewegten System $\underline{e}'$ gegeben. Die Komponenten der Kraft $\mathbf{F}$ sind je nach Aufgabe teils im Inertialsystem ($\mathbf{F}_1$) und teils im mitbewegten System ($\mathbf{F}_2$) gegeben. Die Komponenten des Vektors $\ddot{\mathbf{r}}_{OO'}$ sind im Inertialsystem gegeben, während die Komponenten der Vektoren $\mathbf{r}_m$ und $\boldsymbol{\omega}$ in der mitbewegten Basis gegeben sind.

Damit gilt

$$m\ddot{\underline{r}}_m^T \underline{\mathbf{e}}' = \underline{F}_1^T \underline{D}^T \underline{\mathbf{e}}' + \underline{F}_2^T \underline{\mathbf{e}}' + \underline{F}_F^T \underline{\mathbf{e}}' + \underline{F}_C^T \underline{\mathbf{e}}'$$

mit

$$\underline{F}_F^T \underline{e}' = -m\left(\ddot{\underline{r}}_{OO'}^T \underline{D}^T + \underline{r}_m^T\left(\dot{\underline{D}}\underline{D}^T\right) + \underline{r}_m^T\left(\dot{\underline{D}}\underline{D}^T\right)\left(\dot{\underline{D}}\underline{D}^T\right)\right)\underline{e}'$$

$$= \left[-m\left(\ddot{\underline{r}}_{OO'}^T \underline{\mathbf{e}} + \dot{\underline{\omega}}^T \underline{\mathbf{e}}' \times \underline{r}_m^T \underline{\mathbf{e}}' + \underline{\omega}^T \underline{\mathbf{e}}' \times (\underline{\omega}^T \underline{\mathbf{e}}' \times \underline{r}_m^T \underline{\mathbf{e}}')\right)\right]$$

und

$$\underline{F}_C^T \underline{\mathbf{e}}' = -2m\dot{\underline{r}}_m^T \dot{\underline{D}}\underline{D}^T \underline{\mathbf{e}}'$$

$$= \left[-2m\underline{\omega}^T \underline{\mathbf{e}}' \times \dot{\underline{r}}_m^T \underline{\mathbf{e}}'\right].$$

Ausführlich schreibt sich die Führungskraft

$$\underline{F}_F^T \underline{\mathbf{e}}' = -m\left(\ddot{\underline{r}}_{OO'}^T \underline{D}^T + \underline{r}_m^T \begin{pmatrix} 0 & \dot{\omega}_z & -\dot{\omega}_y \\ -\dot{\omega}_z & 0 & \dot{\omega}_x \\ \dot{\omega}_y & -\dot{\omega}_x & 0 \end{pmatrix}\right.$$

$$\left. + \underline{r}_m^T \begin{pmatrix} 0 & \omega_z & -\omega_y \\ -\omega_z & 0 & \omega_x \\ \omega_y & -\omega_x & 0 \end{pmatrix}\begin{pmatrix} 0 & \omega_z & -\omega_y \\ -\omega_z & 0 & \omega_x \\ \omega_y & -\omega_x & 0 \end{pmatrix}\right)\underline{\mathbf{e}}'$$

und die Corioliskraft

$$\underline{F}_C^T \underline{\mathbf{e}}' = -2m\dot{\underline{r}}_m^T \begin{pmatrix} 0 & \omega_z & -\omega_y \\ -\omega_z & 0 & \omega_x \\ \omega_y & -\omega_x & 0 \end{pmatrix}\underline{\mathbf{e}}'.$$

Anmerkung:

Die Tupelschreibweise sieht hier vielleicht nicht einfacher aus als die klassische Schreibweise. Aber spätestens dann, wenn Sie die Bewegungsgleichungen eines mechanischen Systems im mitbewegten Koordinatensystem $\underline{\mathbf{e}}'$ von einem anderen bewegten System $\underline{\mathbf{e}}''$ aus beschreiben wollen, werden Sie sie schätzen lernen!

Beispiel 18.1

Gegeben sei ein Fahrstuhl, der von einem Inertialsystem aus translatorisch bewegt wird.

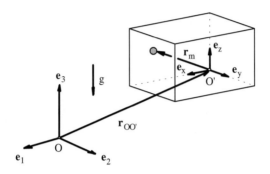

Wie sehen die Bewegungsgleichungen des Massenpunktes für einen Beobachter im Fahrstuhl aus, wenn der Fahrstuhl mit

$$\mathbf{r}_{OO'} = (c_1 \,,\, c_2 \,,\, f(t)) \, \underline{\mathbf{e}} (c_1 \,,\, c_2 = \text{konstant})$$

geführt wird?

Lösung:

Die Transformation vom Inertialsystem $\underline{\mathbf{e}}$ zum mitbewegten System $\underline{\mathbf{e}}'$ ist die konstante Einheitsmatrix.

$$\underline{\mathbf{e}}' = \underline{D}\underline{\mathbf{e}} \quad \text{mit} \quad \underline{D} = \underline{E} \,, \quad \underline{\dot{D}} = \underline{0}$$

Der Winkelgeschwindigkeitsvektor ist identisch Null. Die Corioliskraft ist identisch Null. Die Führungskraft ist

$$\underline{F}_F^T \underline{\mathbf{e}}' = -m\underline{\ddot{r}}_{OO'}^T \underline{\mathbf{e}} = -m\underline{\ddot{r}}_{OO'}^T \underline{\mathbf{e}}' = -m \left(0 \,,\, 0 \,,\, \ddot{f} \right) \underline{\mathbf{e}}'$$

und die Gewichtskraft $\mathbf{F}$ ist hier

$$\underline{F}^T \underline{\mathbf{e}} = \underline{F}^T \underline{\mathbf{e}}' = (0 \,,\, 0 \,,\, -mg) \, \underline{\mathbf{e}}' \,.$$

Die gesuchten Bewegungsgleichungen sind damit

$$m \left(\ddot{x}, \ddot{y}, \ddot{z} \right) \underline{\mathbf{e}}' = (0 \,,\, 0 \,,\, -mg) \, \underline{\mathbf{e}}' - m \left(0 \,,\, 0 \,,\, \ddot{f} \right) \underline{\mathbf{e}}'$$

bzw.

$$m\ddot{x} = 0 \,, \qquad m\ddot{y} = 0 \,, \qquad m\ddot{z} = -m(g + \ddot{f}) \,.$$

Wenn der Fahrstuhl beschleunigt wird, verändert sich scheinbar die Gewichtskraft des Massenpunktes für den Beobachter im Fahrstuhl. Ist speziell

$$\ddot{f} = -g,$$

was den freien Fall des Fahrstuhles bedeutet, dann ist der Massenpunkt für den Beobachter gewichtslos.

Anmerkung:

Dies nutzt man aus, um für mehrere Minuten Schwerelosigkeit zu produzieren. Das gelingt mit einem Flugzeug, das mit hoher Geschwindigkeit im Steigflug alle Antriebskräfte herunterfährt bis auf die Kompensation der Luftreibung, und damit längs einer Parabel frei fällt.

Für kurzzeitige Experimente in Schwerelosigkeit nutzt man auch Falltürme, in denen Dosen mit den eingeschlossenen Experimenten etliche Meter frei fallen. Die Dose dient dabei der Minimierung des Luftwiderstandes.

Beispiel 18.2

Gegeben ist eine mit konstanter Winkelgeschwindigkeit $\dot{\varphi} = \Omega$ rotierende Scheibe im Erdschwerefeld, auf der exzentrisch in einer Führungsnut eine Masse elastisch aufgehängt ist. Man bestimme die Bewegungsgleichung der Masse im mitbewegten System und die Zwangskräfte der Führungsnut auf die Masse.

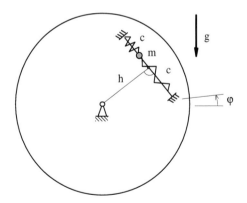

In der Mittellage auf der Führungsnut sollen die Federn entspannt sein.

Lösung:

Zunächst seien die Koordinatensysteme gewählt.

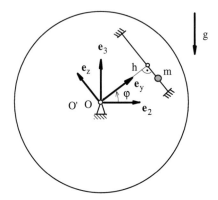

Das mitbewegte Koordinatensystem ist gegenüber dem Inertialsystem mit dem Winkel φ im mathematisch positiven Sinn um die 1–Achse gedreht. Die Basistransformation ist damit

$$\underline{e}' = \underline{\underline{D}}\,\underline{e} \quad \text{mit} \quad \underline{\underline{D}} = \underline{\underline{D}}_1(\varphi) = \begin{pmatrix} 1 & 0 & 0 \\ 0 & \cos\varphi & \sin\varphi \\ 0 & -\sin\varphi & \cos\varphi \end{pmatrix}.$$

Für die Komponenten des Winkelgeschwindigkeitsvektors gilt

$$\underline{\dot{\underline{D}}}\,\underline{\underline{D}}^T = \begin{pmatrix} 0 & 0 & 0 \\ 0 & 0 & \dot{\varphi} \\ 0 & -\dot{\varphi} & 0 \end{pmatrix} \quad \longrightarrow \quad \boldsymbol{\omega} = (\dot{\varphi},\,0,\,0)\,\underline{e}'.$$

Die Gewichtskraft $\mathbf{G}$ muß ins mitbewegte Koordinatensystem transformiert werden:

$$\mathbf{G} = (0,\,0,\,-mg)\,\underline{e}$$
$$= (0,\,0,\,-mg)\,\underline{\underline{D}}^T\,\underline{e}'$$
$$= (0,\,mg\sin\varphi,\,-mg\cos\varphi)\,\underline{e}'.$$

Im körperfesten System sind die Zwangskraft $\mathbf{N} = (0,\,N,\,0)\,\underline{e}'$ und die Federkraft $\mathbf{F} = (0,\,0,\,-2cz)\,\underline{e}'$ gegeben.

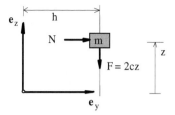

Mit dem Ortsvektor

$$\mathbf{r}_m = \underline{r}_m^T \underline{\mathbf{e}}' = (0, h, z)\,\underline{\mathbf{e}}'$$

zur Masse m berechnet sich die Führungskraft zu

$$\underline{F}_F^T \underline{\mathbf{e}}' = -m\underline{r}_m^T \begin{pmatrix} 0 & 0 & 0 \\ 0 & 0 & \dot{\varphi} \\ 0 & -\dot{\varphi} & 0 \end{pmatrix} \begin{pmatrix} 0 & 0 & 0 \\ 0 & 0 & \dot{\varphi} \\ 0 & -\dot{\varphi} & 0 \end{pmatrix} \underline{\mathbf{e}}'$$

$$= -m\left(0, -h\dot{\varphi}^2, -z\dot{\varphi}^2\right)\underline{\mathbf{e}}'$$

und die Corioliskraft zu

$$\underline{F}_C^T \underline{\mathbf{e}}' = -2m\underline{\dot{r}}_m^T \begin{pmatrix} 0 & 0 & 0 \\ 0 & 0 & \dot{\varphi} \\ 0 & -\dot{\varphi} & 0 \end{pmatrix} \underline{\mathbf{e}}'$$

$$= -2m\left(0, -\dot{z}\dot{\varphi}, 0\right)\underline{\mathbf{e}}'\,.$$

Die gesuchten Gleichungen sind damit

$$0 = N + mh\dot{\varphi}^2 + 2m\dot{z}\dot{\varphi} + mg\sin\varphi$$

$$m\ddot{z} = -2cz + mz\dot{\varphi}^2 - mg\cos\varphi$$

Die letzte Gleichung beschreibt einen sogenannten harmonisch ange-regten Oszillator (siehe Kapitel 19.4):

$$m\ddot{z} + (2c - m\dot{\varphi}^2)z = -mg\cos\varphi\,.$$

Mit $\dot{\varphi} = \Omega$ erhält die Gleichung

$$m\ddot{z} + (2c - m\Omega^2)z = -mg\cos\Omega t\,.$$

Mit Lösungen für $z = z(t)$ kann die Normalkraft direkt berechnet werden zu

$$N = -mh\Omega^2 - 2m\Omega\dot{z} - mg\sin\Omega t\,.$$

Anmerkung:

Kein Ort auf der Erdoberfläche ist ein Inertialsystem. Aber für alle hier betrachteten Aufgaben sind Führungskraft und Coriolis-kraft vernachlässigbar klein! Man vergleiche hierzu insbesondere die Aufgaben aus der Übung!

18.2 Trägheitstensor und Starrkörperkinetik

In Kapitel 16.2 haben wir verschiedene Formen des Drallsatzes hergeleitet. Bezogen auf den Schwerpunkt S eines starren Körpers lautet der Satz

$$\frac{\mathrm{d}}{\mathrm{d}t}\mathbf{L}^{(S)} = \mathbf{M}^{(S)}.$$

Der Drehimpuls im mit dem Körper mitbewegten Basissystem $\underline{e}'$ hat die Gestalt

$$\mathbf{L}^{(S)} = \int_m \mathbf{r} \times (\boldsymbol{\omega} \times \mathbf{r})\,\mathrm{d}m.$$

In der Tupelschreibweise erhält man mit $r = (x,y,z)\underline{e}'$

$$\mathbf{r} \times (\boldsymbol{\omega} \times \mathbf{r}) = -\mathbf{r} \times (\mathbf{r} \times \boldsymbol{\omega})$$

$$= -\mathbf{r} \times \underline{\omega}^T \begin{pmatrix} 0 & z & -y \\ -z & 0 & x \\ y & -x & 0 \end{pmatrix} \underline{e}'$$

$$= -\underline{\omega}^T \begin{pmatrix} 0 & z & -y \\ -z & 0 & x \\ y & -x & 0 \end{pmatrix} \begin{pmatrix} 0 & z & -y \\ -z & 0 & x \\ y & -x & 0 \end{pmatrix} \underline{e}'.$$

Das Ausmultiplizieren der beiden Matrizen führt auf die in Kapitel 17.4 schon beschriebene Form

$$\mathbf{r} \times (\boldsymbol{\omega} \times \mathbf{r}) = \underline{w}^T \begin{pmatrix} y^2 + z^2 & -xy & -xz \\ -yx & x^2 + z^2 & -yz \\ -zx & -zy & x^2 + y^2 \end{pmatrix} \underline{e}'$$

und liefert nach Integration über den starren Körper den Drehimpuls in Komponentenschreibweise

$$\mathbf{L}^{(S)} = \underline{L}^{(S)T}\underline{e}' = \underline{\omega}^T\underline{\underline{\Theta}}\,\underline{e}' \quad \text{mit} \quad \underline{\underline{\Theta}} = \begin{pmatrix} \Theta_x & -\Theta_{xy} & -\Theta_{xz} \\ -\Theta_{yx} & \Theta_y & -\Theta_{yz} \\ -\Theta_{zx} & -\Theta_{zy} & \Theta_z \end{pmatrix}.$$

Die Eulerschen Kreiselgleichungen folgen direkt zu (vgl. Kapitel 16.5)

$$\frac{\mathrm{d}}{\mathrm{d}t}\mathbf{L}^{(S)} = \underline{\dot{\omega}}^T\underline{\underline{\Theta}}\,\underline{e}' + \underline{\omega}^T\underline{\underline{\Theta}}\,\underline{\dot{e}}'$$

$$= \underline{\dot{\omega}}^T\underline{\underline{\Theta}}\,\underline{e}' + \underline{\omega}^T\underline{\underline{\Theta}} \begin{pmatrix} 0 & \omega_z & -\omega_y \\ -\omega_z & 0 & \omega_x \\ \omega_y & -\omega_x & 0 \end{pmatrix} \underline{e}'$$

$$= \underline{M}^{(S)T} \underline{\mathbf{e}}' \, .$$

Wegen der Identität

$$\underline{\mathbf{e}}' \cdot \underline{\mathbf{e}}'^{T} = \begin{pmatrix} 1 & 0 & 0 \\ 0 & 1 & 0 \\ 0 & 0 & 1 \end{pmatrix} = \underline{\underline{E}} \, .$$

kann der Drehimpuls auch geschrieben werden als das Skalarprodukt des Drehgeschwindigkeitsvektors ω mit dem sogenannten *Trägheitstensor* Θ:

$$\mathbf{L}^{(S)} = \underline{\omega}^{T} \underline{\mathbf{e}}' \cdot \underline{\mathbf{e}}'^{T} \underline{\underline{\Theta}} \underline{\mathbf{e}}' = \omega \Theta \, .$$

Ein solcher Tensor

$$\Theta = \underline{\mathbf{e}}'^{T} \underline{\underline{\Theta}} \underline{\mathbf{e}}'$$

(zweiter Stufe) ist eine „zweifach gerichtete" Größe. Jede Basistransformation $\underline{\mathbf{e}}'' = \underline{\underline{D}} \underline{\mathbf{e}}'$ führt zu einer Ähnlichkeitstransformation der Koeffizientenmatrix

$$\Theta = \underline{\mathbf{e}}'^{T} \underline{\underline{\Theta}} \underline{\mathbf{e}}' = \underline{\mathbf{e}}''^{T} \underline{\underline{D}} \underline{\underline{\Theta}} \underline{\underline{D}}^{T} \underline{\mathbf{e}}'' \, .$$

Diagonalisiert diese Transformation die Koeffizientenmatrix, ist $\underline{\mathbf{e}}''$ das Hauptachsensystem des Trägheitstensors.

Die Tupelschreibweise zeigt auch auf, daß es formal möglich ist, den Trägheitstensor in einer gemischten Basis darzustellen.

In der Literatur finden Sie die verschiedensten Darstellungen für einen Tensor, z. B.

$$\Theta = \sum_{i,j} \Theta^{ij} \mathbf{e}'_i \otimes \mathbf{e}'_j \quad \text{usw.}$$

Die obige Tupelschreibweise liefert automatisch auch die richtige Stellung der Transformationsmatrizen (Vermutlich kennen Sie die Frage: Drehmatrix transponiert nehmen oder nicht?).

Anmerkung:

Bei vielen Aufgaben der Starrkörpermechanik ist es hilfreich, zunächst den Trägheitstensor im Hauptachsensystem darzustellen. Dann führt man eine Basistransformation aus in das gewünschte Koordinatensystem. Ist dieses Koordinatensystem ebenfalls ein körperfestes System, werden die Koeffizienten des Tensors Konstanten bleiben. Wird in ein raumfestes Koordinatensystem transformiert, werden die Trägheitskoeffizienten zeitabhängig.

Bei diesen Transformationen wird üblicherweise die Diagonalgestalt verloren gehen. Wenn auch der Koordinatenursprungspunkt durch eine weitere Transformation verschoben werden soll, muß man mit dem Satz von Steiner arbeiten. In der obigen Tupelschreibweise läßt sich der Satz von Steiner sehr allgemein und einfach herleiten. (Aufgabe!)

Der Drallsatz liefert ein System von Differentialgleichungen in den Komponenten des Drehgeschwindigkeitsvektors.

$$\frac{\mathrm{d}}{\mathrm{d}t}\underline{\mathbf{L}}^{(S)} = \underline{\dot{\omega}}^T \underline{\underline{\Theta}}\,\underline{e}' + \underline{\omega}^T \underline{\underline{\Theta}} \begin{pmatrix} 0 & \omega_z & -\omega_y \\ -\omega_z & 0 & \omega_x \\ \omega_y & -\omega_x & 0 \end{pmatrix} \underline{e}'$$

$$= \underline{M}^{(S)^T} \underline{e}'\,.$$

Um die Bahn eines Punktes im starren Körper angeben zu können, oder auch nur die Orientierung des Körpers, muß man die Lagewinkel des körperfesten Systems bezogen auf eine Inertialbasis kennen und nicht nur die Komponenten des Vektors $\boldsymbol{\omega}$!

Allgemein läßt sich ja jede Drehung durch drei Elementardrehungen realisieren. Bekannt sind zum Beispiel die folgenden Winkelsysteme (siehe [2, Kapitel 3]):

$$\underline{e}' = \underline{\underline{D}}\,\underline{e} = \underline{\underline{D}}_3(\psi)\underline{\underline{D}}_1(\xi)\underline{\underline{D}}_3(\varphi)\underline{e} \qquad (\varphi, \xi, \psi := \text{Eulerwinkel})$$

$$\underline{e}' = \underline{\underline{D}}\,\underline{e} = \underline{\underline{D}}_3(\gamma)\underline{\underline{D}}_2(\beta)\underline{\underline{D}}_1(\alpha)\underline{e} \qquad (\alpha, \beta, \gamma := \text{Kardanwinkel})$$

Die Beziehung zwischen den Lagewinkeln und den Komponenten des Drehgeschwindigkeitsvektors ist gegeben durch (siehe oben)

$$\underline{\dot{\underline{D}}}\,\underline{\underline{D}}^T = \begin{pmatrix} 0 & \omega_z & -\omega_y \\ -\omega_z & 0 & \omega_x \\ \omega_y & -\omega_x & 0 \end{pmatrix}\,.$$

Führt man diese Rechnung aus, so findet man mit den Eulerwinkeln die Gleichungen

$$\omega_x = \dot{\psi}\sin\xi\sin\varphi + \dot{\xi}\cos\varphi\,,$$

$$\omega_y = \dot{\psi}\sin\xi\cos\varphi - \dot{\xi}\sin\varphi\,,$$

$$\omega_z = \dot{\psi}\cos\xi + \dot{\varphi}\,.$$

Setzt man diese Ausdrücke in die Eulerschen Kreiselgleichungen ein, dann hat man die vollständigen Drallgleichungen des starren Körpers. Man sieht, daß die Winkelvariablen ebenso wie die Variablen, die die Verschiebung des Schwerpunktes mit dem Schwerpunktsatz beschreiben, über Differentialgleichungen zweiter Ordnung gegeben sind. Da diese Gleichungen in den Winkelvariablen hochgradig nichtlinear sind, hat man kaum eine Chance, diese Gleichungen analytisch zu lösen. Eine Ausnahme bildet zum Beispiel die raumfeste Drehachse mit

$$\dot{\psi} = 0, \qquad \dot{\xi} = 0,$$

bei der der Drehgeschwindigkeitsvektor nur noch eine z–Komponente besitzt, die einfach zu handhaben ist:

$$\omega_z = \dot{\varphi}.$$

Dies ist der ebene Fall der Starrkörperbewegung!

Repetitorium V

In diesem Repetitorium sind exemplarische Fragen zu den Kapiteln 13 bis 18 angegeben.
Üben Sie das Sprechen beim Beantworten der Fragen.

Fragen :

- Was beschreiben die Disziplinen „Kinematik und Dynamik"?
- Was ist ein Inertialsystem?
- Wieviel Freiheitsgrade hat ein Punkt im Raum?
- Wie kann man die Lage, die Geschwindigkeit und die Beschleunigung eines Punktes im Inertialsystem beschreiben?
- Was kann man mit der Methode „Trennung der Veränderlichen" erreichen?
- Was ist ein kartesisches Koordinatensystem, was ein Polarkoordinatensystem, ein Zylinderkoordinatensystem und was ist ein natürliches Koordinatensystem?
- Für welche Bewegung eines Punktes sind sowohl die Bahngeschwindigkeit als auch die Bahnbeschleunigung konstant und ungleich Null?
- Wie beschreibt man die Lage, die Geschwindigkeit und die Beschleunigung eines Punktes in einem Nichtinertialsystem? Aus welchen Anteilen setzt sich die Beschleunigung dann zusammen?
- Was ist die Eulersche Geschwindigkeitsformel?
- Was versteht man unter der totalen und was unter der relativen Zeitableitung eines Vektors?
- Wie lauten die Newtonschen Gesetze?
- Gelten die Newtonschen Gesetze in jedem Bezugssystem?
- Welchen Zusammenhang beschreiben die Bewegungsgleichungen eines Massenpunktes?
- Was sind Zwangskräfte und was sind eingeprägte Kräfte? Nennen Sie Beispiele.
- Was sind Widerstandskräfte? Welche Widerstandskräfte kennen Sie?
- Was besagt das Coulombsche Gesetz?
- Wie überführt das 'Prinzip von d'Alembert' die Kinetik in die Statik?
- Was besagen Impuls- und Drallsatz für ein Massenpunktsystem?

- Was ist die kinetische Energie? Was ist Arbeit?
- Wie lautet der Arbeitssatz?
- Welche Kräfte leisten Arbeit?
- Die Arbeit welcher Kräfte ist wegunabhängig?
- Gilt der Arbeitssatz für jedes mechanische System? Wenn ja, warum verwendet man den Arbeitssatz nicht immer zum Aufstellen der Bewegungsgleichungen?
- Was ist potentielle Energie?
- Welche Kräfte haben ein Potential?
- Was sind dissipative Kräfte und was konservative Kräfte?
- Was besagt der Schwerpunktsatz?
- Welche Kräfte beeinflussen die Bahn des Schwerpunktes?
- Wieviel Freiheitsgrade hat ein starrer Körper in der Ebene und im Raum?
- Was ist der Momentanpol?
- Wie lautet die Rollbewegung in der Ebene?
- Wie lauten Impuls- und Drallsatz für einen starren Körper?
- Was sind Massenträgheitsmomente, was sind Deviationsmomente?
- Was ist ein Hauptachsensystem?
- In welchem Koordinatensystem hat der Drallsatz für einen starren Körper im Raum eine besonders einfache Darstellung?
- Was sind die Eulerschen Kreiselgleichungen?
- Was sind Scheinkräfte? Welche kennen Sie und wann treten sie auf? Nennen Sie Beispiele.
- Welches Newtonsche Gesetz wird in einem Nichtinertialsystem verletzt?
- Zwei Zylinder gleicher Masse rollen eine Ebene hinab. Die eine ist ein Vollzylinder, die andere ist hohl. Welche erreicht das Ende der Ebene zuerst?

Aufgaben:

Aufgabe V.1

Eine Kugel fällt zum Zeitpunkt $t = 0$ aus der Höhe $4H$ zu Boden. Im unteren Teil $0 \leqslant y \leqslant 3H$ wird die Kugel durch eine konstante Beschleunigung durch den Windeinfluß um den Abstand H abgetrieben.

a) Wie lang ist die Falldauer t_1 im windfreien Bereich $4H \geqslant y \geqslant 3H$ und die Flugzeit t_2 für $3H \geqslant y \geqslant 0$?

b) Wie groß ist die Windbeschleunigung b?

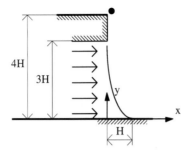

Lösung V.1

Gegeben:

$$\mathbf{v}(t=0) = \mathbf{0} \qquad\qquad \mathbf{r}(t=0) = 4H\mathbf{e}_y$$

$$\mathbf{a}(t) = \left\{ \begin{array}{ll} -g\mathbf{e}_y\,, & 4H \geqslant y \geqslant 3H \\ b\mathbf{e}_x - g\mathbf{e}_y\,, & 3H \geqslant y \geqslant 0 \end{array} \right.$$

Gesucht:

   a) t_1 mit $y(t_1) = 3H$ und t_2 mit $y(t_1 + t_2) = 0$
   b) b

a) Es gilt für $4H \geqslant y \geqslant 3H$

$$\mathbf{a}_1(t) = -g\mathbf{e}_y\,,$$
$$\mathbf{v}_1(t) = c_1\mathbf{e}_x + (-gt + c_2)\,\mathbf{e}_y\,,$$
$$\mathbf{r}_1(t) = (c_1 t + c_3)\,\mathbf{e}_x + \left(-\frac{1}{2}gt^2 + c_2 t + c_4\right)\mathbf{e}_y\,.$$

Aus (1) und (2) berechnet man

$$\mathbf{v}_1(t) = -gt\mathbf{e}_y\,,$$
$$\mathbf{r}_1(t) = \left(-\frac{1}{2}gt^2 + 4H\right)\mathbf{e}_y\,.$$

Aus $y(t_1) = 3H$ folgt

$$t_1 = \sqrt{\frac{2H}{g}}\,.$$

Es gilt für $3H \geqslant y \geqslant 0$:

$$\mathbf{a}_2(t) = b\mathbf{e}_x - g\mathbf{e}_y\,,$$
$$\mathbf{v}_2(t) = (bt + c_1)\,\mathbf{e}_x + (-gt + c_2)\,\mathbf{e}_y\,,$$
$$\mathbf{r}_2(t) = \left(\frac{1}{2}bt^2 + c_1 t + c_3\right)\mathbf{e}_x + \left(-\frac{1}{2}gt^2 + c_2 t + c_4\right)\mathbf{e}_y\,.$$

Aus $\mathbf{v}_1(t_1) = \mathbf{v}_2(t_1)$ und $\mathbf{r}_1(t_1) = \mathbf{r}_2(t_1)$ berechnet man

$$\mathbf{v}_2(t) = \left(bt - b\sqrt{\frac{2H}{g}} \right) \mathbf{e}_x - gt\mathbf{e}_y \,,$$

$$\mathbf{r}_1(t) = \left(\frac{1}{2}bt^2 - b\sqrt{\frac{2H}{g}}t + \frac{bH}{g} \right) \mathbf{e}_x + \left(-\frac{1}{2}gt^2 + 4H \right) \mathbf{e}_y \,.$$

Aus $y(t_{\text{ges}}) = 0$ folgt

$$t_{\text{ges}} = \sqrt{\frac{8H}{g}}$$

und mit $t_{\text{ges}} = t_1 + t_2$ ergibt sich

$$t_2 = \sqrt{\frac{2H}{g}} \,.$$

b) Aus $x(t_{\text{ges}}) = H$ erhält man schließlich $b = g$.

Aufgabe V.2

In welche Richtung bewegt sich die Garnrolle, wenn sie wie skizziert abgewickelt wird, unter der Voraussetzung, daß reines Rollen vorliegt?

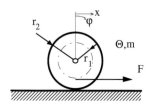

Gegeben: r_1, r_2, Θ, m, F

Lösung V.2

Die Bewegungsgleichung für das System kann mit dem Prinzip von d'Alembert aufgestellt werden.

Freischneiden nach dem Prinzip von d'Alembert liefert:

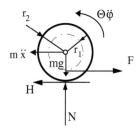

Die Gleichgewichtsbedingungen (Schwerpunktsatz, Drallsatz) ergeben:

$$\sum F_x = 0 = -m\ddot{x} + F - H\,,$$
$$\sum M^S = 0 = -\Theta\ddot{\varphi} - Fr_1 + Hr_2\,.$$

Mit der Rollbedingung $x = r_2\varphi$ erhält man die Bewegungsgleichung

$$\ddot{x} = \frac{Fr_2\,(r_2 - r_1)}{\Theta + mr_2^2}\,.$$

Da hier $Fr_2\,(r_2 - r_1) > 0$ und $\Theta + mr_2^2 > 0$ gilt, folgt $\ddot{x} > 0$, d. h. die Garnrolle rollt nach rechts.

Aufgabe V.3

Unter welchem Winkel α muß die Kraft F angreifen, damit die Rolle nach links rollt?

Aufgabe V.4

Die Massen m_1 und m_2 sind über eine feste und lose Rolle – beide Rollen haben vernachlässigbar kleine Massen – wie skizziert verbunden. Man bestimme mit Hilfe des Arbeitssatzes für das System, wenn es aus anfänglicher Ruhe losgelassen wird,

a) die Beschleunigung der Masse m_2,

b) den Reibkoeffizienten μ so daß sich das System in Bewegung setzt.

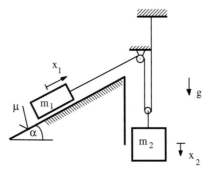

Gegeben: α, g, m_1, m_2

Lösung V.4

a) Der Arbeitssatz lautet allgemein

$$E_{\text{kin},1} + E_{\text{pot},1} - E_{\text{kin},0} - E_{\text{pot},0} = \widetilde{W}_{01}\,.$$

Hier ergibt sich

$$\frac{1}{2}m_1\dot{x}_1^2 + \frac{1}{2}m_2\dot{x}_2^2 + m_1 g x_1 \sin\alpha - m_2 g x_2 = \int\limits_0^{x_1} -R\,dx$$

Einsetzen der kinematischen Beziehung $x_1 = 2x_2$ liefert die Gleichung

$$\frac{1}{2}(4m_1 + m_2)\dot{x}_2^2 + (2m_1 g \sin\alpha - m_2)g x_2 = -\mu m_1 g \cos\alpha 2 x_2\,.$$

Differenzieren nach der Zeit und Division durch $\dot{x}_2$ liefert die Bewegungsgleichung in der gewohnten Gestalt:

$$\ddot{x}_2 = \frac{-2m_1(\sin\alpha + \mu\cos\alpha) + m_2}{4m_1 + m_2}g\,.$$

b) In Bewegung setzen heißt $\ddot{x}_2 > 0$. Damit folgt

$$\mu < \frac{m_2 - 2m_1\sin\alpha}{2m_1\cos\alpha}\,.$$

Aufgabe V.5

Die Kabine einer Seilbahn wird translatorisch mit $\mathbf{r}_{00'} = (f_1(t),\, f_2(t),\, 0)\underline{\mathbf{e}}$ geführt. In der Kabine ist auf einer masselosen Pendelstange eine Punktmasse m elastisch (Steifigkeit c) befestigt. Man stelle die Bewegungsgleichung im mitbewegten System auf.

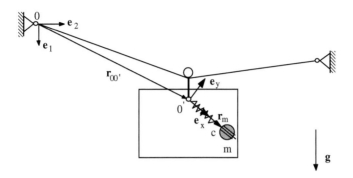

Gegeben: c, g, m, $f_1(t)$, $f_2(t)$

Lösung V.5

Inertialsystem $\underline{\mathbf{e}}$ Mitbewegtes System $\underline{\mathbf{e}}'$

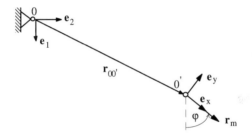

Der Winkelgeschwindigkeitsvektor ist hier

$$\omega = (0\,,\,0\,,\dot{\varphi})\,\underline{\mathbf{e}} = (0\,,\,0\,,\dot{\varphi})\,\underline{\mathbf{e}}'$$

damit gilt für die Koordinatensysteme

$$\underline{\mathbf{e}}' = \left(\begin{array}{ccc} \cos\varphi & \sin\varphi & 0 \\ -\sin\varphi & \cos\varphi & 0 \\ 0 & 0 & 1 \end{array} \right) \underline{\mathbf{e}}$$

und

$$\underline{\mathbf{e}} = \left(\begin{array}{ccc} \cos\varphi & -\sin\varphi & 0 \\ \sin\varphi & \cos\varphi & 0 \\ 0 & 0 & 1 \end{array} \right) \underline{\mathbf{e}}'\,.$$

Die Bewegungsgleichungen im mitbewegten System lauten

$$m\,\ddot{\mathbf{r}}_m = \mathbf{F} + \mathbf{F}_F + \mathbf{F}_C\,.$$

Die Kräfte $\mathbf{F}$ sind im mitbewegten System

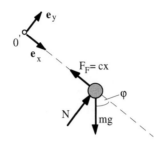

$$\mathbf{F} = \mathbf{F}_F + \mathbf{N} + \mathbf{G}$$
$$= (-cx,\, 0,\, 0)\, \underline{\mathbf{e}}' + (0,\, N,\, 0)\, \underline{\mathbf{e}}' + (mg\cos\varphi,\, -mg\sin\varphi,\, 0)\, \underline{\mathbf{e}}'$$
$$= (-cx + mg\cos\varphi,\, N - mg\sin\varphi,\, 0)\, \underline{\mathbf{e}}'$$

Für die Führungskraft $\mathbf{F}_F$ erhält man hier

$$\mathbf{F}_F = -m\left[\ddot{\mathbf{r}}_{00'} + \dot{\boldsymbol{\omega}} \times \mathbf{r}_m + \boldsymbol{\omega} \times (\boldsymbol{\omega} \times \mathbf{r}_m)\right]$$
$$= -m\left(\ddot{f}_1\cos\varphi + \ddot{f}_2\sin\varphi - x\dot{\varphi}^2,\right.$$
$$\left. -\ddot{f}_1\sin\varphi + \ddot{f}_2\cos\varphi + x\ddot{\varphi},\, 0\right)\underline{\mathbf{e}}'.$$

Für die Corioliskraft $\mathbf{F}_C$ ergibt sich mit $\mathbf{r}_m^* = \dot{\underline{r}}_m^T \underline{\mathbf{e}}'$

$$\mathbf{F}_C = -2m\boldsymbol{\omega} \times \mathbf{r}_m^*$$
$$= (0,\, -2m\dot{x}\dot{\varphi},\, 0)\, \underline{\mathbf{e}}'.$$

Einsetzen liefert die Bewegungsgleichung in mitbewegten Koordinaten

$$\ddot{x} + \left(\frac{c}{m} - \dot{\varphi}^2\right)x = \left(g - \ddot{f}_1\right)\cos\varphi - \ddot{f}_2\sin\varphi.$$

19 Der Einmassenschwinger

Es gibt wohl kaum bekanntere Bewegungsformen in der Mechanik als Schwingungen. Schwingungen können unerwünscht sein, z. B. Quietschen, Rattern, Brummen, oder aber gezielt als funktionales Element der mechanischen Eigenschaften eines Gerätes eingesetzt werden. Schwingungen treten auch in der Elektrik, Elektronik, Hydraulik und so weiter auf. Die (lineare) Theorie ist ziemlich einheitlich in all diesen Fachgebieten, die meisten Begriffe sind genormt.

19.1 Grunddefinitionen

Als *Schwingung* kann man praktisch jede zeitabhängige Funktion x bezeichnen. Hierbei kann $x = x(t)$ eine Koordinate oder Winkel bezeichnen.

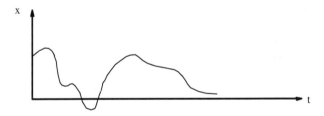

Eine *periodische Schwingung* ist eine Funktion x mit

$$x(t + T) = x(t),$$

worin T, die sogenannte *Schwingungsdauer*, die kleinstmögliche feste Zeit mit dieser Eigenschaft ist. Den Kehrwert der Schwingungsdauer

$$f = \frac{1}{T} \quad \text{Dimension:} \ \frac{1}{\text{Zeit}} \quad \text{Einheit: [Hz] (Hertz)}$$

nennt man die *Frequenz* der Schwingung. Die Frequenz gibt an, wie oft sich eine Schwingung in der Sekunde wiederholt.

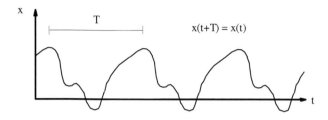

Spezielle periodische Schwingungen sind die sogenannten *harmonischen Schwingungen*. Die Funktion

$$x = A \cos \omega t$$

ist eine harmonische Schwingung. Für die Schwingungsdauer gilt wegen

$$x(t + T) = A \cos(\omega t + \omega T) = A \cos \omega t = x(t)$$

die Beziehung $\omega T = 2\pi$. Man nennt

$$\omega = \frac{2\pi}{T} = 2\pi f$$

die *Kreisfrequenz* und A die *Amplitude* der harmonischen Schwingung. Eine *allgemeine harmonische Schwingung* wird durch die Funktion

$$x = C \cos(\omega t - \gamma)$$

beschrieben. Die Konstante γ wird *Phasenwinkel* genannt. Wegen

$$x = C \cos(\omega t - \gamma) = C \cos \gamma \cos \omega t + C \sin \gamma \sin \omega t$$

läßt sich diese Funktion auch als Summe von cos- und sin-Funktion schreiben

$$x = A \cos \omega t + B \sin \omega t$$

mit

$$C = \sqrt{A^2 + B^2}, \quad \gamma = \arctan \frac{B}{A}\,.$$

19.2   Ungedämpfte Schwingungen

Betrachtet werde der sogenannte ungedämpfte Einmassenschwinger.

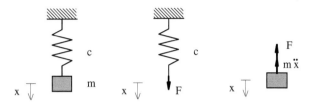

Das Prinzip von d'Alembert liefert für dieses System die Gleichung

$$m\ddot{x} + cx = 0\,.$$

Diese Gleichung ist von der Form $\ddot{x}(x)$ und wurde von uns in der Kinematik schon gelöst! Dort hatten wir mit der Technik der Trennung der Veränderlichen über

$$\ddot{x}(x) \longrightarrow \dot{x}(x) \longrightarrow t(x) \longrightarrow x(t)$$

die allgemeine Lösung

$$x = A \cos \sqrt{\frac{c}{m}}t + B \sin \sqrt{\frac{c}{m}}t$$

$$= A \cos \omega t + B \sin \omega t$$

bestimmt. Das System führt also allgemeine harmonische Schwingungen mit der Kreisfrequenz

$$\omega = \sqrt{\frac{c}{m}}$$

aus. Man beachte, daß die Kreisfrequenz (auch Eigenkreisfrequenz) offenbar eine Eigenschaft des Systems ist, unabhängig von irgendwelchen Anfangsbedingungen!

Die Anfangsbedingungen steuern nur die sich einstellende Amplitude der Schwingung:

$$\left.\begin{array}{l} x(0) = x_0 \\ \dot{x}(0) = v_0 \end{array}\right\} \quad A = x_0\,, \quad B = \frac{v_0}{\omega}$$

Die Bewegungsgleichung des Einmassenschwingers schreibt man üblicherweise in der Form

$$\ddot{x} + \omega^2 x = 0\,, \quad \omega^2 = \frac{c}{m}\,,$$

Bei vielen Einmassenschwingern kann man die Kreisfrequenz und damit die allgemeine Lösung direkt ablesen.

Beispiel 19.1   (Balkenbiegung)

Gegeben sei ein Kragbalken mit Endmasse. Wie lautet die Bewegungsgleichung des Systems bei kleinen Biegeschwingungen?

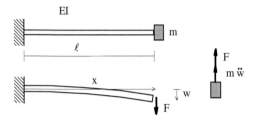

Lösung:

Die Kragbalkenformel liefert die Beziehung

$$w = \frac{F\ell^3}{3EI} \rightarrow F = \frac{3EI}{\ell^3} w = cw\,,$$

Mit d'Alembert lautet die Bewegungsgleichung

$$m\ddot{w} + \frac{3EI}{\ell^3} w = 0\,.$$

Die allgemeine Lösung dieser Gleichung ist

$$w = A\cos\omega t + B\sin\omega t \quad \text{mit} \quad \omega = \sqrt{\frac{3EI}{m\ell^3}}\,.$$

Beispiel 19.2   (Stabdehnung)

Gegeben sei ein Stab mit Endmasse. Wie lautet die Bewegungsgleichung des Systems bei kleinen Dehnungsschwingungen?

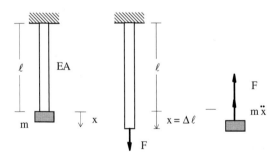

Lösung:

Für die Stabdehnung gilt

$$\Delta \ell = \frac{F\ell}{EA} \longrightarrow F = \frac{EA}{\ell}\Delta \ell = \frac{EA}{\ell}x = cx$$

und mit dem Kraftgleichgewicht folgt die Gleichung

$$m\ddot{x} + \frac{EA}{\ell}x = 0$$

mit der allgemeinen Lösung

$$x = A\cos\omega t + B\sin\omega t \qquad \text{mit} \quad \omega = \sqrt{\frac{EA}{m\ell}}\,.$$

Beispiel 19.3 (Drillung)

Gegeben sei ein Drillstab mit einer Endscheibe. Wie lautet die Bewegungsgleichung des Systems bei kleinen Drehschwingungen?

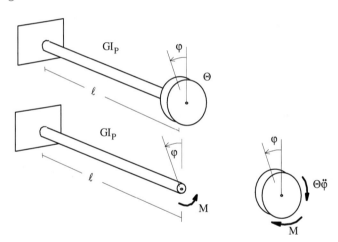

Lösung:

Für die Drillung gilt

$$\varphi = \frac{M\ell}{GI_P} \quad \longrightarrow \quad M = \frac{GI_P}{\ell}\varphi = c\varphi\,.$$

Das Momentengleichgewicht liefert die Bewegungsgleichung

$$\Theta\ddot{\varphi} + \frac{GI_P}{\ell}\varphi = 0$$

mit der allgemeinen Lösung

$$\varphi = A\cos\omega t + B\sin\omega t \quad \text{mit} \quad \omega = \sqrt{\frac{GI_P}{\Theta\ell}}\,.$$

Man kann also sehr schnell die wesentlichen Eigenschaften der Schwingungsantwort finden, wenn man die Masse und die beteiligten Steifigkeiten kennt.

Wenn man etwas verwickeltere Systeme hat, so gelingt es, über die im letzten Semester besprochenen Federschaltungen Ersatzsteifigkeiten zu definieren.

Allgemein gelten die folgenden Grundregeln:

Parallelschaltung

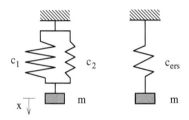

Die Ersatzfedersteifigkeit ist die Summe der Einzelsteifigkeiten

$$c_{\text{ers}} = c_1 + c_2$$

Die Bewegungsgleichung für den obigen Feder-Masse-Schwinger ist

$$m\ddot{x} + c_{\text{ers}}x = 0$$

mit der allgemeinen Lösung

$$x = A\cos\omega t + B\sin\omega t \quad \text{mit} \quad \omega = \sqrt{\frac{c_1 + c_2}{m}}\,.$$

Beispiel 19.4

Gegeben ist ein Kragbalken mit Endmasse, der am Ende durch einen Druckstab gestützt wird. Mit welcher Frequenz schwingt das System bei kleinen Auslenkungen in Richtung des Stabes?

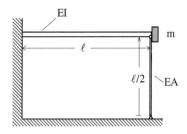

Lösung:

Hier sind die Steifigkeit des Biegebalkens und die Dehnsteifigkeit des Druckstabes parallel geschaltet. Die Kreisfrequenz der Schwingung ist

$$\omega = \sqrt{\frac{3EI}{\ell^3 m} + \frac{2EA}{\ell m}}\ .$$

Hintereinanderschaltung

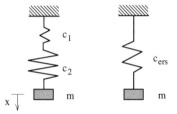

Die Ersatzfedersteifigkeit ist

$$c_{\text{ers}} = \frac{c_1 c_2}{c_1 + c_2}\ .$$

Die Bewegungsgleichung für den obigen Feder-Masse-Schwinger ist

$$m\ddot{x} + c_{\text{ers}} x = 0$$

mit der allgemeinen Lösung

$$x = A\cos\omega t + B\sin\omega t \quad \text{mit} \quad \omega = \sqrt{\frac{c_1 c_2}{(c_1 + c_2)m}}\ .$$

Normalerweise finden Schwingungen im Erdschwerefeld statt. Wie verändert die Gewichtskraft das Schwingungsverhalten?

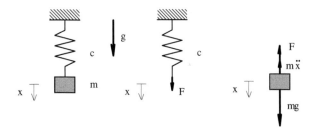

Dazu betrachten wir den ungedämpften Feder-Masse-Schwinger und berücksichtigen die Gewichtskraft in den Bewegungsgleichungen. Das Prinzip von d'Alembert liefert für dieses System die Gleichung

$$m\ddot{x} + cx = mg\,.$$

Dieser Typ von Differentialgleichungen ist offenbar dadurch gekennzeichnet, das auf der rechten Seite ein Term auftritt, der nicht von x oder irgendwelchen Ableitungen von x abhängt. Diesen Typ von Differentialgleichung nennt man darum auch *inhomogen* im Gegensatz zu der Differentialgleichung

$$m\ddot{x} + cx = 0\,,$$

die man entsprechend *homogen* nennt.

Wie sieht die Lösung einer solchen Differentialgleichung aus? Allgemein gilt (für lineare Differentialgleichungen), daß die Lösung sich additiv zusammensetzt aus der allgemeinen Lösung der homogenen Differentialgleichung $x_h(t)$ und einer speziellen Lösung $x_p(t)$ der inhomogenen Differentialgleichung. Diese spezielle Lösung nennt man auch *partikuläre Lösung*.

$$x(t) = x_h(t) + x_p(t).$$

Anmerkung:

Setzt man die Lösung in die Differentialgleichung ein

$$m(\ddot{x}_h + \ddot{x}_p) + c(x_h + x_p) = mg$$

und sortiert die Terme um

$$m\ddot{x}_h + cx_h + m\ddot{x}_p + cx_p = mg\,,$$

dann sieht man, daß mit der allgemeinen Lösung $x_h(t)$ der homogenen Differentialgleichung

$$x_h = A\cos\sqrt{\frac{c}{m}}t + B\sin\sqrt{\frac{c}{m}}t$$

die obere Zeile identisch erfüllt wird und mit der partikulären Lösung die zweite Zeile der obigen Differentialgleichung. Die Konstanten zur Anpassung der Anfangsbedingungen sind in der Lösung der homogenen Gleichung enthalten, die partikuläre Lösung dient nur dazu, die Inhomogenität zu berücksichtigen. Wie diese Lösung $x_p(t)$ aussieht, ist dabei gleichgültig, sie muß nur der inhomogenen Differentialgleichung genügen:

$$m\ddot{x}_p + cx_p = mg\,.$$

Wie bekommt man nun eine partikuläre Lösung? Praktisch kann man nur raten und probieren. Die Erfahrung lehrt aber, daß die Struktur der partikulären Lösung ähnlich ist wie die der Inhomogenität. Man kann das Raten also wesentlich einschränken. Hieraus resultiert die Regel, für die partikuläre Lösung einen *Ansatz vom Typ der rechten Seite* zu machen.

Anmerkung:

Einen Ansatz für die Lösung zu suchen und einzusetzen, können Sie auch als Anfrage an die Differentialgleichung sehen, ob sie eine Lösung, wie von Ihnen im Ansatz angegeben, zuläßt oder nicht. Wenn die Differentialgleichung nicht einverstanden ist, landen Sie entweder bei Bedingungen für Ihren Ansatz, die noch schwieriger zu lösen sind als das Ausgangsproblem oder aber Sie gelangen immer zu Identitäten der Form $0 = 0$, die keine weiteren Informationen für Sie enthalten.

Probieren Sie es mal aus!

Im Beispiel ist die Inhomogenität eine Konstante. Für die partikuläre Lösung machen wir den Ansatz

$$x_p = k\,, \quad k : \text{konstant}.$$

Einsetzen in die inhomogene Differentialgleichung liefert mit $\ddot{x}_p = 0$

$$m0 + ck = mg\,.$$

Hieraus läßt sich k und damit eine partikuläre Lösung bestimmen

$$x_p = \frac{mg}{c}\,.$$

Die Lösung der Gleichungen für den ungedämpften Einmassenschwinger im Erdschwerefeld ist also

$$x(t) = A\cos\omega t + B\sin\omega t + \frac{mg}{c} \quad \text{mit} \quad \omega = \sqrt{\frac{c}{m}}$$

oder auch

$$x(t) = C\cos(\omega t - \gamma) + \frac{mg}{c}\,,$$

in der die Integrationskonstanten A und B, oder C und der Phasenwinkel γ sind. Trägt man die Lösung grafisch auf, so erkennt man, daß die Lösung eine auf der x–Achse verschobene harmonische Schwingung ist. Die partikuläre Lösung hat eine physikalische Bedeutung. Sie gibt gerade die *statische Absenkung* der Masse an der Feder im Erdschwerefeld wieder.

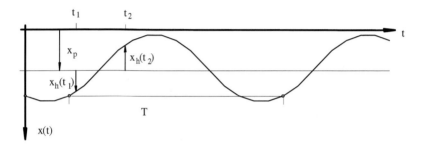

Anmerkung:

Diese partikuläre Lösung läßt sich auch so interpretieren. Die rechte Seite der Differentialgleichung

$$m\ddot{x} + cx = mg$$

ist konstant. Differenziert man diese Gleichung, so erhält man wieder eine homogene Differentialgleichung (allerdings 3.ter Ordnung)

$$m\dddot{x} + c\dot{x} = 0\,.$$

Mit $y = \dot{x}$ kann man aber sofort wieder eine Lösung angeben:

$$m\ddot{y} + cy = 0 \quad\longrightarrow\quad y = a\cos\omega t + b\sin\omega t\,.$$

Hierin sind a und b die Integrationskonstanten. Durch reine Zeitintegration läßt sich hieraus x berechnen

$$x = \int y\,\mathrm{d}t = \frac{a}{\omega}\sin\omega t - \frac{b}{\omega}\cos\omega t + C\,.$$

Mit

$$A = -\frac{b}{\omega}\,, \qquad B = \frac{a}{\omega}\,, \qquad x_p = C$$

haben wir wieder die oben dargestellte Lösungsstruktur.

Dividiert man die inhomogene Bewegungsgleichung durch die Masse,

$$\ddot{x} + \omega^2 x = g\,,$$

so erkennt man, daß die partikuläre Lösung auch eine Funktion der Frequenz des Systems ist.

$$x_p = \frac{mg}{c} = \frac{g}{\omega^2}\,.$$

Allein an der statischen Absenkung eines Systems läßt sich also die Frequenz ω ablesen. Kennt man auch die Masse m, die diese statische Absenkung verursacht, so läßt sich sofort auch die Steifigkeit c des Systems angeben.

Beispiel 19.5

Im letzten Semester haben wir eine Gartenschaukel nach statischen Gesichtspunkten ausgelegt.

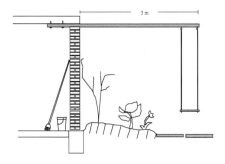

Das extrem hohe Gewicht von 200 kg, daß wir berücksichtigt haben, ist mit den Ausführungen zur Kinetik sinnvoll geworden. Wenn eine Person von 70 kg bis zu 90° nach hinten und vorne schaukelt, treten dynamische Seilkräfte im Tiefpunkt von der dreifachen Größe der statischen Gewichtskraft auf, hier ca. 210 kg! Die Schaukel haben wir also damals eher für zu kleine Kräfte ausgelegt!

Wenn Sie sich vorsichtig mit Ihren 70 kg in die Schaukel setzen, senkt sich die Schaukel um 5 cm. Diese Messung erlaubt uns nun, das Schwingungsverhalten der Schaukel in vertikaler Richtung anzugeben. Aus

$$0{,}05\,\text{m} = x_p = \frac{g}{\omega^2} \quad \longrightarrow \quad \omega^2 = \frac{9{,}81}{0{,}05}\,\text{m/s}^2\text{m} \approx 196{,}2\;1/\text{s}^2$$

erhält man für die Kreisfrequenz $\omega = 14\,1/\text{s}$ bzw. die Frequenz f schließlich

$$f = 2{,}24\,[\text{Hz}]\,.$$

Es gibt Systeme, aus denen macht die Erdschwerkraft erst ein schwingungsfähiges Gebilde. Genauer: die Rückstellkraft ist bis jetzt immer eine elastische Komponente gewesen. Eine Rückstellkraft kann aber auch die Gewichtskraft sein!

Beispiel 19.6

Gegeben sei ein mathematisches Pendel mit der Masse m und der Pendellänge ℓ.

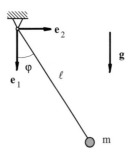

Die Bewegungsgleichung haben wir schon abgeleitet. Sie lautet

$$\ddot{\varphi} + \frac{g}{\ell}\sin\varphi = 0\,.$$

Dies ist eine nichtlineare Differentialgleichung. Für kleine Ausschläge gilt aber näherungsweise

$$\ddot{\varphi} + \frac{g}{\ell}\varphi = 0\,.$$

Diese Gleichung hat die allgemeine Lösung

$$\varphi = A\cos\omega t + B\sin\omega t\,, \qquad \omega = \sqrt{\frac{g}{\ell}}\,.$$

Anmerkung:

Praktisch alle Folgerungen dieses Kapitels gelten nur für lineare Gleichungen. Zum Beispiel die Unabhängigkeit der Schwingfrequenz von den Anfangswerten oder aber die additive Lösungsstruktur:

Gesamtlösung = Lösung der homogenen Gleichung + partikuläre Lösung.

Unglücklicherweise ist praktisch jede Schwingung in der Realität nichtlinear. Für kleine Ausschläge aber liefert die hier betrachtete lineare Theorie sehr gute Näherungen.

Gerade das Pendel zeigt, daß man mit den Anfangsbedingungen nicht beliebig große Schwingungsamplituden erzeugen kann, wie die lineare Näherungslösung suggeriert. Auch bei den Balken und Stabsystemen gehen wir immer von kleinen Schwingungsamplituden aus. Zwar sind die Gleichungen der Balkentheorie, wie wir sie hier vorliegen haben, linear, aber die Balkengleichungen gelten nur für kleine Auslenkungen!

Nichtlineare Schwingungen sind auch heute noch ein aktuelles Forschungsthema.

Häufig werden Sie in der Literatur die Bemerkung finden: „. . . berechnen Sie die Schwingungen um die statische Ruhelage."

Gemeint ist damit das folgende: Wenn man eine Schwingungsdifferentialgleichung mit Gewichtskräften hat, so kann man durch eine einfache Transformation den Einfluß der Gewichtskraft auf die Lösung zum Verschwinden bringen.

Gegeben sei $\ddot{x} + \omega^2 x = g$. Die Transformation

$$x = y + x_p$$

führt zu einer bezüglich y linearen, homogenen Differentialgleichung,

$$\ddot{y} + \omega^2 y = 0,$$

deren Lösung gerade gleich der Lösung x_h ist. Die im allgemeinen interessierenden Schwingungsphänomene sind in der letzten Gleichung alle noch enthalten.

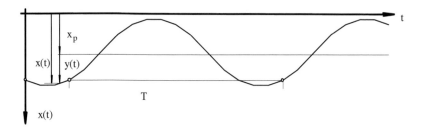

Man kann also für viele Fragestellungen in den Aufgaben einfach die Gewichtskraft vernachlässigen. Aber die Interpretation der Lösung erfordert besondere Aufmerksamkeit, insbesondere, wenn man konkret Anfangsbedingungen an die Lösung anpassen will. Nicht $y(t)$ oder die Lösung $x_h(t)$ muß den Anfangsbedingungen genügen, sondern die vollständige Lösung der Differentialgleichung!

Mit den Anfangswerten $x(0) = x_0$ und $\dot{x}(0) = v_0$ lautet die Lösung vollständig

$$x(t) = (x_0 - x_p(0))\cos\omega t + \frac{v_0 - \dot{x}_p(0)}{\omega}\sin\omega t + x_p \,.$$

In dem hier betrachteten Fall ist die partikuläre Lösung eine Konstante.

19.3 Gedämpfte Schwingungen

Die Lösung des ungedämpften Feder-Masse-Schwingers ist eine harmonische Schwingung. Einmal angeregt, schwingt das System bis in alle Ewigkeit. Dies entspricht nicht den Erfahrungen. Reale Systeme schwingen zwar eine gewisse Zeit, aber irgendwann hört die Schwingung wieder auf.

Dies ist ein Zeichen dafür, daß der ungedämpfte Feder-Masse-Schwinger eine Näherungslösung nur für kurze Zeiträume liefert. Für viele technische Fragestellungen ist das ausreichend. Denken Sie etwa an die Frage nach der Steifigkeit eines Systems. Eine wesentlich bessere Approximation eines realen Schwingers stellen gedämpfte Schwingungssysteme dar. Hiermit lassen sich auch Fragen beantworten, z. B. wie lange ein System schwingt, wenn es einmal zu Schwingungen angeregt wurde (Anfangsbedingungen!).

Dazu sei das folgende Modell betrachtet, daß den allgemeinen Fall eines eindimensionalen gedämpften Schwingers darstellt.

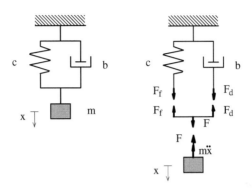

Die Bewegungsgleichungen sind ausführlich nach d'Alembert

$$m\ddot{x} + F = 0\,,$$

$$F = F_f + F_d\,,$$

$$F_f = cx\,, \qquad F_d = b\dot{x}\,,$$

bzw. nach dem Einsetzen aller Größen

$$m\ddot{x} + b\dot{x} + cx = 0\,.$$

Division durch die Masse führt auf die Ausgangsform der Differentialgleichung einer gedämpften Schwingung

$$\ddot{x} + 2D\omega\dot{x} + \omega^2 x = 0\,.$$

Hierin ist

$$\omega = \sqrt{\frac{c}{m}}$$

die *Kreisfrequenz des ungedämpften Schwingers* und die dimensionslose Größe D

$$D = \frac{b}{2\sqrt{cm}}$$

das sogenannte *Dämpfungsmaß*. Diese Differentialgleichung ist eine *lineare homogene Differentialgleichung* (2.ter Ordnung) mit konstanten Koeffizienten:

$$\ddot{x} + 2D\omega\dot{x} + \omega^2 x = 0\,.$$

Für $D = 0$ enthält diese Gleichung den in Kapitel 18.2 behandelten Fall ungedämpfter Schwingungen. Dort haben wir die allgemeine Lösung über die Technik der Trennung der Veränderlichen aus der Kinematik erhalten. Dieser Weg funktioniert hier nicht mehr.

Eine Lösung erhält man hier nur über einen geeigneten Ansatz. Für lineare homogene Differentialgleichungen mit konstanten Koeffizienten gibt es einen Standardansatz, der praktisch immer zum Ziel führt, der sogenannte „e hoch λ t – Ansatz". Die Idee ist, Lösungen der Form

$$x(t) = C e^{\lambda t}$$

mit geeigneten Konstanten C und λ zu suchen. Differentiation des Ansatzes liefert

$$\dot{x} = \ell C e^{\lambda t} = \lambda x \,, \qquad\qquad \ddot{x} = \ell^2 C e^{\lambda t} = \lambda^2 x \,.$$

Die Differentiation ist bei diesem Ansatz äquivalent mit der Multiplikation mit λ.

Anmerkung:

Diese Algebraisierung der Differentiations- und Integrationsprozesse ist Grundlage für viele technische Auslegungsrechnungen bei schwingungsfähigen Systemen. Man nutzt dabei die sog. Laplace- oder Fouriertransformation. Wenn Sie später zum Beispiel Regelungstechnik hören, werden Sie mit diesen Transformationen mächtige Hilfsmittel zur Behandlung linearer Systeme mit konstanten Koeffizienten kennenlernen.

Setzt man diesen Ansatz in die Differentialgleichung ein, so erhält man

$$\left(\lambda^2 + 2D\omega\lambda + \omega^2\right) C e^{\lambda t} = 0 \,.$$

Die Exponentialfunktion kann niemals Null werden. Nichttriviale Lösungen, also Lösungen ungleich Null sind nur dann möglich, wenn C ungleich Null ist. Die obige Gleichung läßt solche Lösungen ungleich Null nur zu, wenn der Ausdruck

$$\lambda^2 + 2D\omega\lambda + \omega^2 \equiv 0$$

gleich Null ist. Diese Gleichung wird *Charakteristische Gleichung* des Systems genannt. Aus dieser Gleichung können die Konstanten λ bestimmt werden. Diese Lösungswerte

$$\lambda_{1,2} = -D\omega \pm \sqrt{D^2\omega^2 - \omega^2}$$

werden *Eigenwerte* des Systems genannt. Die Lösung der Differentialgleichung mit diesen Eigenwerten ist

$$x(t) = C_1 e^{\lambda_1 t} + C_2 e^{\lambda_2 t} \, ,$$

die damit zwei durch die Anfangsbedingungen zu bestimmende Konstanten C_i enthält. Diese Lösung sieht scheinbar noch völlig anders aus als vermutet. Speziell im ungedämpften Fall, $D = 0$, erwarten wir ja eine rein harmonische Schwingung. Je nach Wert von D können die obigen Eigenwerte reell oder komplex sein. Im ungedämpften Fall sind die Eigenwerte sogar rein imaginär

$$\lambda_{1,2} = \pm\sqrt{-\omega^2} = \pm i\omega \, , \qquad i = \sqrt{-1} \, .$$

Die Lösung der Differentialgleichung ist dann

$$x(t) = C_1 e^{i\omega t} + C_2 e^{-i\omega t} \, .$$

Die Funktion $x = x(t)$ ist wie auch die Differentialgleichung rein reell. Für die komplexe e–Funktion gilt

$$\left\| e^{i\varphi} \right\| = 1 \, . \qquad Re\left(e^{i\varphi} \right) = \cos\varphi \, , \qquad Im\left(e^{i\varphi} \right) = \sin\varphi$$

und läßt sie sich grafisch in der komplexen Zahlenebene bei rein imaginärem Exponenten als Punkt auf dem Einheitskreis darstellen.

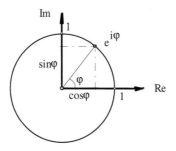

Um eine reelle Lösung zu erhalten, muß C_2 gerade gleich dem konjugiert komplexen Wert von C_1 sein. Es gilt also

$$x(t) = Re(C_2 + C_1)\cos\omega t + Im(C_2 - C_1)\sin\omega t$$
$$= A\cos\omega t + B\sin\omega t$$

und man hat mit dem Exponentialansatz die erwartete Lösung erhalten. Um die Lösung der Differentialgleichung

$$\ddot{x} + 2D\omega\dot{x} + \omega^2 x = 0$$

Tabelle 19.1. Schwingungsverhalten und Eigenwerte in Abhängigkeit vom Dämpfungsmaß D

Dämpfungs-maß	Bezeichnung	1.Eigenwert	2.Eigenwert
$D = 0$	ungedämpfte Schwingungen	$i\omega$	$-i\omega$
$0 < D < 1$	schwach gedämpfte Schwingungen	$-D\omega + i\omega\sqrt{1 - D^2}$	$-D\omega - i\omega\sqrt{1 - D^2}$
$D = 1$	aperiodischer Grenzfall	$-Dw$	$-Dw$
$D > 1$	stark gedämpfte Schwingungen	$\omega(-D + \sqrt{D^2 - 1})$	$\omega(-D - \sqrt{D^2 - 1})$

genauer zu erfassen, muß wegen der beiden Eigenwerte

$$\lambda_{1,2} = -D\omega \pm \sqrt{D^2\omega^2 - \omega^2}$$

eine Fallunterscheidung bezüglich des Parameters D gemacht werden (siehe Tabelle 19.1). Der Fall $D = 0$ ist in Kapitel 19.2 abgehandelt. Der Fall $0 < D < 1$ führt auf die Lösung

$$x = C_1 e^{-D\omega t + i\omega\sqrt{1-D^2}t} + C_2 e^{-D\omega t - i\omega\sqrt{1-D^2}t}$$
$$= e^{-D\omega t}\left(C_1 e^{i\omega\sqrt{1-D^2}t} + C_2 e^{-i\omega\sqrt{1-D^2}t}\right)$$
$$= e^{-D\omega t}\left(A\cos\omega\sqrt{1-D^2}t + B\sin\omega\sqrt{1-D^2}t\right).$$

Die Lösung ist eine harmonische Schwingung, die mit einer zeitabhängigen Exponentialfunktion multipliziert ist. Die Schwingfrequenz ist

$$\omega_d = \omega\sqrt{1 - D^2},$$

die sogenannte *Kreisfrequenz des gedämpften Systems*. Die Größe $\delta = D\omega$ nennt man *Abklingkonstante*. Die obige Lösung läßt sich umschreiben zu

$$x(t) = e^{-D\omega t}C\cos(\omega_d t - \gamma) = e^{-\delta t}C\cos(\omega_d t - \gamma).$$

Der Graph dieser Funktion ist nachfolgend skizziert.

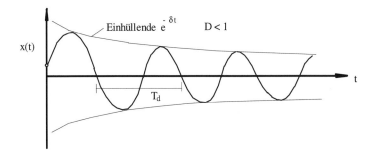

Die Amplituden klingen mit der Zeit ab. Das Bild stellt den Fall sehr kleiner Dämpfung dar.

Die Schwingdauer T_d ist berechenbar mit

$$\omega_d = 2\pi f_d = \frac{2\pi}{T_d}$$

und gibt die Zeit zwischen je zwei gleichsinnigen Nulldurchgängen an. Wegen

$$x(t + T_d) = e^{-D\omega T_d} x(t)$$

läßt sich mit dem gemessenen Amplitudenverhältnis zweier aufeinanderfolgender Maxima gleichen Vorzeichens mit der Formel

$$\Lambda = \ln \frac{x(t)}{x(t + T_d)} = D\omega T_d = D\omega \frac{2\pi}{\omega_d} = \frac{2\pi D}{\sqrt{1 - D^2}}$$

das Dämpfungsmaß D berechnen. Man nennt die Größe Λ auch das *logarithmische Dekrement*.

Der Fall $D > 1$ ist einfach zu berechnen. Bei diesem Fall sind die Eigenwerte der charakteristischen Gleichung reell, und die Lösung hat die Form

$$x(t) = C_1 e^{\omega(-D + \sqrt{D^2 - 1})t} + C_2 e^{\omega(-D - \sqrt{D^2 - 1})t}\,.$$

Die Größen C_i sind ebenfalls reell. Man schreibt die Lösung oft auch mit Hilfe der Hyperbelfunktionen in der Form

$$x(t) = e^{-D\omega t}(A \cosh \mu t + B \sinh \mu t)\,, \quad \mu = \omega \sqrt{D^2 - 1}\,.$$

Der Graph dieser Funktion zeigt auf, daß die Lösungen nach einer Auslenkung gegen die t–Achse laufen. Man nennt dieses Verhalten des Systems auch *Kriechen*. Das System schwingt nicht mehr. Es bewegt sich langsam. Bei sehr großem Dämpfungsmaß D kann es lange dauern, bis das System wieder in seine Ausgangslage zurückkommt.

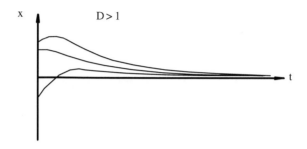

Bild 19.1. Das Kriechverhalten für unterschiedliche Anfangsbedingungen.

Der verbleibende Fall $D = 1$ wird *aperiodischer Grenzfall* genannt. Er trennt den Fall schwach gedämpfter Schwingungen von den stark gedämpften Schwingungen, den Kriechbewegungen des Systems.

Mathematisch enthält dieser Fall eine kleine Schwierigkeit. Die charakteristische Lösung liefert nur eine Wurzel bzw. einen Eigenwert

$$\lambda = -D\omega\,.$$

Die hieraus folgende Lösung aus dem Ansatz

$$x = Ce^{-D\omega t}$$

enthält darum auch nur eine Integrationskonstante. Die allgemeine Lösung muß aber wegen der Anfangswerte zwei Konstanten enthalten. Hierfür muß der Ansatz modifiziert werden:

$$x = (C_1 + C_2 t)e^{\lambda t}\,.$$

Die Lösung

$$x = (C_1 + C_2 t)e^{-D\omega t}$$

sieht ähnlich wie im Fall $D > 1$ aus und hat die Eigenschaft, in minimaler Zeit auf die t–Achse zuzukriechen.

Häufig wird dieser Fall als optimale Dämpfungsauslegung für Zeigermeßinstrumente oder ähnliches angesehen. Darauf kommen wir noch einmal zurück bei Systemen mit erzwungenen Schwingungen.

Nicht betrachtet haben wir den Fall $D < 0$. In diesem Fall ist der Dämpfungskoeffizient negativ. Formal klingen für $D < 0$ die Schwingungsamplituden mit der Zeit immer weiter auf, und man verläßt sehr schnell den Gültigkeitsbereich der linearen Näherung. Dieser Fall ist im allgemeinen uninteressant.

Anmerkung:

Für manche technische Systeme ist eine solche negative Dämpfung dann interessant, wenn man eine bestimmte Schwingung im System aufrecht erhalten will. Formal kann man sich vorstellen, daß die Dämpfung negativ gewählt werden muß, wenn die Schwingungsamplitude kleiner als die Sollamplitude ist. Wenn aber die Schwingungsamplitude größer ist, muß man wieder zu einer positiven Dämpfung umschalten, damit die Schwingung auf den gewünschten Wert abklingt.

Einen solchen Effekt enthält die (nichtlineare!) Differentialgleichung

$$m\ddot{x} + b(x^2 - k^2)\dot{x} + cx = 0$$

wo der Term proportional zu $\dot{x}$ je nach Größe von x sein Vorzeichen wechselt. Diese Gleichung beschreibt näherungsweise ein Uhrenpendel. Wenn es leicht angestoßen wird, klingen die Pendelschwingungen bis zu einer charakteristischen Größe auf und bleiben konstant bei diesem Wert. Wird das Pendel sehr stark angestoßen, so besitzen die Schwingungen zunächst Amplituden größer als die Sollgröße, aber nach kurzer Zeit werden sie soweit abgedämpft sein, daß sich wieder der für den Uhrbetrieb charakteristische Ausschlag einstellt.

Die wesentlichen Eigenschaften eines gedämpften Schwingers haben wir diskutiert. In der Praxis werden solche Schwinger aber durch bestimmte Vorgänge kontinuierlich angeregt. Man denke etwa an ein Fahrzeug, das über eine wellige Straße fährt. Stoßdämpfer und Aufbaufeder sind die wesentlichen Größen, die die Schwingungen der Fahrzeugkabine bestimmen. Wie muß man sie auslegen, damit dem Fahrer im Auto nicht schlecht wird? Bei falscher Feder-Dämpferabstimmung passiert das schneller, als man es für möglich hält!

19.4 Erzwungene Schwingungen

Zunächst soll der einfache Fall eines ungedämpften Systems untersucht werden. Stellen Sie sich vor, Sie halten mit Ihrer Hand eine Feder, an dessen anderem Ende eine Masse hängt. Wenn Sie Ihre Hand nun periodisch auf- und abbewegen, wird auch die Masse schwingen. Dieser Vorgang kann mit dem folgenden Modell beschrieben werden.

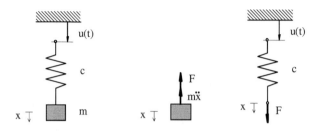

Die Gleichgewichtsbeziehungen liefern:

$$F = c(x - u(t)) \qquad\qquad m\ddot{x} + cx = cu(t)$$

Man nennt die Funktion $u = u(t)$ auch Fußpunkterregung des Schwingers. Sie beschreibt die vertikale Bewegung Ihrer Hand. Hier wählen wir eine rein harmonische Anregung

$$u(t) = x_0 \cos \Omega t\,.$$

Die Differentialgleichung

$$m\ddot{x} + cx = cx_0 \cos \Omega t$$

bzw. nach Division mit der Masse

$$\ddot{x} + \omega^2 x = x_0\omega^2 \cos \Omega t$$

ist linear und inhomogen.

Die Lösung setzt sich additiv zusammen aus der allgemeinen Lösung der homogenen Gleichung sowie einer partikulären Lösung der inhomogenen Gleichung

$$x(t) = x_h(t) + x_p(t)\,.$$

Wie oben schon abgeleitet, ist

$$x_h(t) = C \cos(\omega t - \gamma)\,, \quad \omega = \sqrt{\frac{c}{m}}\,.$$

Um eine partikuläre Lösung zu finden, macht man wieder einen Ansatz vom Typ der rechten Seite:

$$x_p = x_0 V \cos \Omega t\,.$$

Einsetzen in die inhomogene Gleichung liefert

$$-x_0 V \Omega^2 \cos \Omega t + x_0 V \omega^2 \cos \Omega t = x_0\omega^2 \cos \Omega t$$

und man erhält die Größe V zu

$$V = \frac{\omega^2}{\omega^2 - \Omega^2} \, .$$

Hier führt man das sogenannte *Frequenzverhältnis* η von Erregerkreisfrequenz zu Kreisfrequenz des ungedämpften Schwingers

$$\eta = \frac{\Omega}{\omega}$$

ein, mit dem sich die dimensionslose Konstante V dann schreibt in der Form

$$V = \frac{1}{1 - \eta^2} \, .$$

Die partikuläre Lösung ist damit bestimmt:

$$x_p(t) = x_0 V \cos \Omega t \, .$$

Das System antwortet auf die harmonische Anregung mit einer harmonischen Schwingung. Diese Schwingung ist von außen dem System aufgezwungen. Deshalb heißen solche Schwingungen auch *erzwungene Schwingungen*. Man nennt V auch *Vergrößerungsfunktion*.

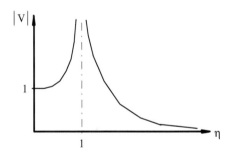

Bild 19.2. Verlauf der Vergrößerungsfunktion V in Abhängigkeit vom Frequenzverhältnis η

V gibt in Abhängigkeit des Frequenzverhältnisses η die Veränderung der Schwingungsamplitude der Masse gegenüber der Anregungsamplitude an.

Man unterscheidet für einen ungedämpften Einmassenschwinger die Fälle:

$\eta < 1$ unterkritische Anregung

$\eta > 1$ überkritische Anregung

$\eta = 1$ Resonanzfall

Ist die Anregungsfrequenz sehr klein, so schwingt die Masse praktisch wie Ihre Hand am Fußpunkt der Feder. Ist die Anregungsfrequenz sehr hoch, bewegt sich die Masse praktisch überhaupt nicht mehr.

Speziell im Resonanzfall ist die Vergrößerungsfunktion singulär. Der oben gemachte Ansatz liefert für diesen Fall keine sinnvolle partikuläre Lösung. Mit dem modifizierten Ansatz

$$x_p = x_0 V t \cos(\Omega t - \alpha)$$

erhält man auch für den Resonanzfall $\eta = 1$ eine Lösung:

$$x_p = \frac{1}{2} x_0 \omega t \sin \Omega t .$$

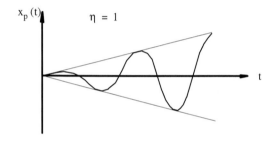

Dies ist eine mit der Zeit linear anwachsende Schwingung, die, wenn man lange genug wartet, beliebig groß werden kann. Man nennt die hierbei auftretenden Effekte manchmal auch Resonanzkatastrophe, weil bei einer äußeren Anregung mit der Eigenfrequenz bzw. der Kreisfrequenz des Systems offensichtlich immer mehr Energie in das System hineingepumpt wird, die zur Zerstörung der technischen Einrichtung führen kann.

Anmerkung:

Der Ansatz

$$x_p = x_0 V \cos \Omega t$$

für die partikuläre Lösung ermittelt nur den Endzustand der Schwingungen des Systems nach unendlich langer Zeit. Darum liefert dieser Ansatz bei der Resonanz einen unbeschränkten Wert für die Vergrößerungsfunktion. Der zweite Ansatz hingegen ist wegen der Zeitabhängigkeit der Amplitude in der Lage,

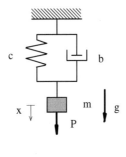
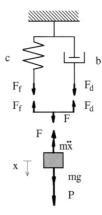

Bild 19.3. Masse m an einem Feder–Dämpfer–System (links) und wirkende Kräfte (rechts)

auch die Lösungsgeschichte, hier das lineare Anwachsen der Amplituden über der Zeit, zu erfassen.

Bei einem realen Schwinger wird immer auch etwas Dämpfung im System sein. Darum soll auch hier der gedämpfte Schwinger genauer untersucht werden. Ausgangspunkt ist das in Abbildung 19.3 skizzierte System. Ein gedämpfter Feder-Masse-Schwinger im Erdschwerefeld wird mit einer Kraft P mit

$$P = P_0 \cos \Omega t$$

beaufschlagt. Die Bewegungsgleichung lautet

$$m\ddot{x} + b\dot{x} + cx = mg + P_0 \cos \Omega t \,.$$

Dies ist wieder eine lineare inhomogene Differentialgleichung mit konstanten Koeffizienten. Die Inhomogenität besteht hier aus zwei Teilen, für die wir jeweils eine partikuläre Lösung suchen. Die Gesamtlösung setzt sich zusammen aus

$$x(t) = x_h(t) + x_{p1}(t) + x_{p2}(t)\,,$$

und für die einzelnen Lösungsanteile gilt:

x_h berechnet aus	$m\ddot{x} + b\dot{x} + cx = 0$
x_{p1} berechnet aus	$m\ddot{x} + b\dot{x} + cx = mg$

x_{p2} berechnet aus $\qquad\qquad m\ddot{x} + b\dot{x} + cx = P_0 \cos \Omega t$

Die ersten beiden Differentialgleichungen haben wir schon gelöst. Die Lösung der homogenen Differentialgleichung ist

$$x_h = e^{-D\omega t}(A \cos \omega_d t + B \sin \omega_d t)\,.$$

Die Lösung für die durch das Gewicht verursachte Inhomogenität ergibt sich wie oben mit einem Ansatz vom Typ der rechten Seite zu

$$x_{p1} = \frac{g}{\omega^2}\,.$$

Man beachte, daß hier die Kreisfrequenz des ungedämpften Schwingers steht!

Für die zweite partikuläre Lösung macht man wieder einen Ansatz vom Typ der rechten Seite. Die Rechnung dazu vereinfacht sich wesentlich, wenn man komplex rechnet.

Führt man die komplexe Variable z ein

$$z = x + iy\,, \quad Re(z) = x\,,$$

bei der uns allerdings nur der Realteil interessiert, so läßt sich die ganze Differentialgleichung komplex schreiben

$$m\ddot{z} + b\dot{z} + cz = P_0 e^{i\Omega t}\,.$$

Diese Differentialgleichung lösen wir im Komplexen, betrachten dann aber nur noch den Realteil der Lösung als Lösung des reellen Ausgangsproblems.

Anmerkung:

Die komplexe Schreibweise umgeht das Arbeiten mit den Winkelfunktionen. Die gesuchte Lösung würde man auch auf klassischem Wege mit dem rein reellen Ansatz

$$x_{p2} = P_0 V \cos(\Omega t - \beta)$$

mit deutlich umständlicherer Rechnung erhalten.

Für die inhomogene komplexe Differentialgleichung machen wir den Ansatz

$$z = C e^{i\Omega t}\,,$$

worin C eine komplexe Konstante ist.

Anmerkung:

Die Lösungsidee ist dabei die folgende:

Jede komplexe Zahl läßt sich in der Form

$$C = Ae^{i\alpha}$$

darstellen mit

$$A = \sqrt{Re(C)^2 + Im(C)^2}\,,$$

$$\alpha = \arctan \frac{Im(C)}{Re(C)}\,.$$

Der Ansatz liefert eine komplexe Zahl C mit

$$z = Ce^{i\Omega t} = Ae^{i\alpha}e^{i\Omega t} = Ae^{i\Omega t + \alpha}$$

und

$$Re(z) = A\cos(\Omega t + \alpha)\,.$$

Setzt man den komplexen Ansatz ein, so erhält man nach Division durch m

$$\ddot{z} + 2D\omega\dot{z} + \omega^2 z = \frac{P_0}{m}e^{i\Omega t}$$

bzw.

$$(-\Omega^2 + 2iD\omega\Omega + \omega^2)Ce^{i\Omega t} = \frac{P_0}{m}e^{i\Omega t}\,.$$

Mit der Division durch ω^2 kann man die Gleichung mit Hilfe des Frequenzverhältnisses $\eta = \Omega/\omega$ umschreiben zu

$$(1 - \eta^2 + i2D\eta)Ce^{i\Omega t} = \frac{P_0}{\omega^2 m}e^{i\Omega t} = \frac{P_0}{c}e^{i\Omega t}\,.$$

Hieraus liest man für C ab

$$C = \frac{1}{1 - \eta^2 + i2D\eta}\frac{P_0}{c} = \frac{1 - \eta^2 - i2D\eta}{(1-\eta^2)^2 + 4D^2\eta^2}\frac{P_0}{c}$$

bzw.

$$C = V(\eta)e^{-i\beta}\frac{P_0}{c}$$

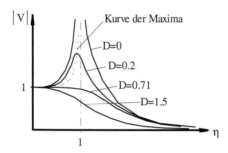

Bild 19.4. Auftragung der Vergrößerung $|V|$ für verschiedene Dämpfungsmaße D

mit der Vergrößerungsfunktion

$$V(\eta) = \frac{1}{\sqrt{(1 - \eta^2)^2 + 4D^2\eta^2}}$$

und dem Phasenwinkel

$$\beta = \arctan \frac{2D\eta}{1 - \eta^2}\,.$$

Die gesuchte reelle partikuläre Lösung ist damit

$$x_{p2} = \frac{P_0}{c}V(\eta)\cos(\Omega t - \beta)\,.$$

Die Vergrößerungsfunktion beschreibt wie beim ungedämpften Schwinger das Verhältnis zwischen der Systemamplitude und der Anregungsamplitude. Der Phasenwinkel beschreibt das Nacheilen der Systemantwort auf die Anregung.

Die Vergrößerungsfunktion V und der Phasenwinkel β haben für unterschiedliche Dämpfungsmaße die in Abbildung 19.4 und 19.5 dargestellten Verläufe.

Wenn Dämpfung im System vorliegt, wachsen auch in der Nähe der Resonanz $\eta \approx 1$ die Amplituden nicht mehr über alle Grenzen. Ab dem Dämpfungsmaß

$$D = \frac{1}{\sqrt{2}}$$

fällt die Vergrößerungsfunktion monoton für $\eta \to \infty$. Die erzwungene Schwingung der Masse eilt der Anregung nach, wie der Verlauf der Funktion von β aufzeigt.

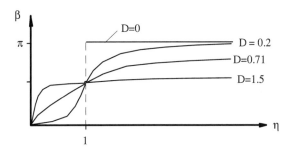

Bild 19.5. Auftragung des Phasenwinkels β für verschiedene Dämpfungsmaße D

Die *Gesamtlösung des gedämpften Feder-Masse-Systems* mit harmonischer Kraftanregung

$$m\ddot{x} + b\dot{x} + cx = mg + P_0 \cos \Omega t$$

hat die Form

$$x(t) = x_h(t) + x_{p1}(t) + x_{p2}(t)$$

mit

$$x = e^{-D\omega t}(A \cos \omega_d t + B \sin \omega_d t) + \frac{g}{\omega^2} + \frac{P_0}{c} V(\eta) \cos(\Omega t - \beta(\eta)).$$

Grafisch hat die erzwungene Schwingung folgende Gestalt:

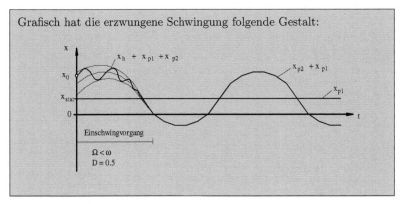

Wegen der Dämpfung klingt der Lösungsanteil aus der homogenen Differentialgleichung immer weiter ab. Nach einer gewissen Zeit ist die Lösung

x_h praktisch nicht mehr zu sehen. Die Lösung der homogenen Differentialgleichung enthält die Anfangsbedingungen des Systems. Sie beschreibt den sogenannten Einschwingvorgang des Systems.

Nach dem *Einschwingvorgang* bestimmen nur noch die partikulären Lösungen das Systemgeschehen. Hier ist das eine um die statische Absenkung verschobene erzwungene Schwingung.

Bei vielen Anwendungen, z. B. im Meßgerätebau, ist man nicht an dem Einschwingvorgang interessiert, sondern nur an der stationären Lösung, die proportional etwa zu der Meßgröße ist. Hier wählt man üblicherweise das Dämpfungsmaß

$$D = \frac{1}{\sqrt{2}} \approx 0{,}7 \, ,$$

bei dem, anders als beim aperiodischen Grenzfall, auch mehr als eine Halbschwingung um die partikuläre Lösung möglich ist, aber der Einschwingvorgang in minimaler Zeit beendet ist.

In der Praxis hat man es im allgemeinen nicht nur mit Kraftanregungen zu tun.

Verschiedene Anregungsformen sind mit den entsprechenden Differentialgleichungen in Tabelle 19.2 aufgelistet.

Die Anregungsfunktionen haben wir hier der Einfachheit halber als harmonische Funktionen angenommen. Allgemein periodische Anregungsfunktionen können mit Hilfe der Fourieranalyse in eine endliche oder unendliche Summe von harmonischen Funktionen zerlegt werden, bei denen jedes Glied der Summe wie oben behandelt werden kann.

Hat man es mit nichtperiodischen Anregungen zu tun, kann man versuchen, die Differentialgleichung in einzelnen Zeitintervallen zu lösen, wobei in jedem Zeitintervall die Anregung eine möglichst einfache und damit handhabbare Form haben sollte.

Beispiel 19.7

Um Erdbebenwellen messen zu können, soll ein Einmassenschwinger so ausgelegt werden, daß ein an der Masse befestigter Zeiger auf einer mit dem Boden verbundenen Skala die vertikalen Erdbewegungen anzeigt.

Tabelle 19.2. Verschiedene Anregungsformen und entsprechenden Differentialgleichungen

Modell	*Bezeichnung der Erregungsform und Bewegungsgleichung*
	Fußpunkterregung $$m\ddot{x} + b\dot{x} + cx = mg - m\ddot{u}(t)$$
	Erregung über Feder $$m\ddot{x} + b\dot{x} + cx = mg + cu(t)$$
	Erregung über Dämpfer $$m\ddot{x} + b\dot{x} + cx = mg + b\dot{u}(t)$$
	Kraftanregung $$m\ddot{x} + b\dot{x} + cx = mg + P(t)$$

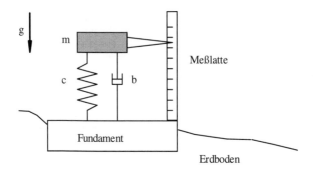

Lösung:

Der Erdboden und damit das Fundament wird durch das Erdbeben in vertikaler Richtung mit $u = u(t)$ bewegt. Das System läßt sich darstellen in der folgenden Form:

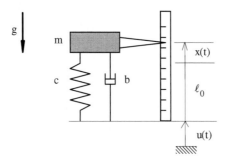

Unter Beachtung des Vorzeichens der Gewichtskraft findet man in der vorstehenden Tabelle für diesen fußpunkterregten Schwinger die Bewegungsgleichung

$$m\ddot{x} + b\dot{x} + cx = -mg - m\ddot{u}(t).$$

Um überhaupt rechnen zu können, nehmen wir an, daß das Erdbeben sich in dem interessierenden Zeitintervall aus einer Summe von harmonischen Funktionen der Form

$$u(t) = u_0 \cos \Omega t$$

zusammensetzt. Die Differentialgleichung wird damit zu

$$m\ddot{x} + b\dot{x} + cx = -mg + mu_0 \Omega^2 \cos \Omega t.$$

Die konstante statische Absenkung des Systems ist wie der Einschwingvorgang nicht relevant für die Meßaufgabe. Allein die Systemantwort auf die harmonische Anregung ist wesentlich. Das ist die partikuläre Lösung von

$$m\ddot{x} + b\dot{x} + cx = mu_0\Omega^2\cos\Omega t\,.$$

Mit

$$P_0 = mu_0\Omega^2$$

findet man

$$x = \frac{P_0}{c}V\cos(\Omega t - \beta) = \frac{m}{c}\Omega^2 u_0 V\cos(\Omega t - \beta) = u_0\eta^2 V\cos(\Omega t - \beta)\,.$$

Die Aufgabenstellung verlangt, daß $x \ll u(t)$ ist, also

$$\eta^2 V = 1$$

gilt. Für das Frequenzverhältnis folgt hieraus

$$\eta^2 V = \frac{\eta^2}{\sqrt{(1-\eta^2)^2 + 4D^2\eta^2}} = \frac{1}{\sqrt{\left(\frac{1}{\eta^2}-1\right)^2 + \frac{4D^2}{\eta^2}}} \xrightarrow{\eta\to\infty} 1$$

Es muß also $\omega \ll \Omega$ gelten, man sagt auch, das System muß tief abgestimmt werden.

Kommen wir abschließend nochmal auf das Beispiel 18.2 aus Kapitel 17.1 zurück:

Beispiel 19.8

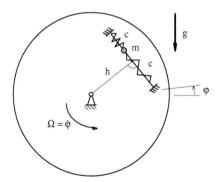

Die Bewegungsgleichung für das System lautete

$$m\ddot{z} + (2c - m\Omega^2)z = -mg\cos\Omega t\,.$$

Das hier die Steifigkeit auch von der konstanten Drehgeschwindigkeit abhängt und sogar negativ werden kann, ist plausibel.

Wenn die Scheibe sich zu schnell dreht, schwingt die Masse nicht mehr, sondern sie wird an eines der beiden Enden der Führungsschiene gedrückt und dort gehalten.

Für ein fest gewähltes $\Omega < \sqrt{2\frac{c}{m}}$ und der Kreisfrequenz ω mit

$$\omega^2 = 2\frac{c}{m} - \Omega^2$$

ist die Lösung

$$z(t) = C\cos(\omega t - \gamma) - \frac{g\cos\Omega t}{\omega^2 - \Omega^2}.$$

Der Resonanzfall tritt bei

$$w = \Omega = \sqrt{\frac{c}{m}}$$

ein. Für $\Omega = \sqrt{2\frac{c}{m}}$ ist die Bewegungsgleichung einfach

$$\ddot{z} = -g\cos\Omega t \rightarrow z(t) = \frac{g}{\Omega^2}\cos\Omega t.$$

Und schließlich für $\Omega > \sqrt{2\frac{c}{m}}$ und der Größe

$$k^2 = \Omega^2 - 2\frac{c}{m}$$

ist die Bewegungsgleichung

$$\ddot{z} - k^2 z = -g\cos\Omega t.$$

Hier ist die Lösung der homogenen Gleichung eine exponentiell ansteigende Funktion

$$z_h(t) = Ae^{kt} + Be^{-kt}.$$

Unabhängig von der partikulären Lösung führt der homogene Lösungsanteil zum technischen Aus der Apparatur.

20 Schwingungen von Systemen mit mehreren Freiheitsgraden

Der Einmassenschwinger ist eine gute Approximation für Schwingungsphänomene in der Natur und Technik. Tatsächlich hat man es real praktisch immer mit Mehrmassenschwingern zu tun, die zwei, hundert oder sogar abzählbar unendlich viele Freiheitsgrade haben. Ein wesentliches Phänomen bei Schwingungen von Systemen mit mehreren Freiheitsgraden ist der Tilgungseffekt, der bei der Approximation durch einen Einmassenschwinger nicht dargestellt werden kann.

Hier soll an einem einfachen Beispiel das prinzipielle Vorgehen bei diesen Systemen sowie der Tilgungseffekt kurz erläutert werden.

20.1 Freie Schwingungen

Betrachtet werde die symmetrische ungedämpfte Schwingerkette aus zwei Massen in Abbildung 20.1.

Für die Federkräfte gelten die Beziehungen

$$F_1 = -cx_1 \qquad F_2 = c(x_1 - x_2) \qquad F_3 = cx_2$$

und die Bewegungsgleichungen lauten

$$0 = m\ddot{x}_1 + 2cx_1 - cx_2$$
$$0 = m\ddot{x}_2 - cx_1 + 2cx_2$$

Dies sind zwei lineare, homogene Differentialgleichungen mit konstanten Koeffizienten. Die Gleichungen sind gekoppelt, denn jede Gleichung enthält auch die Variable der anderen Gleichung. Man kann also nicht einfach jede Gleichung nach Kapitel 19 einzeln behandeln.

Das man eigentlich alle Lösungstechniken des letzten Kapitels direkt übernehmen kann, zeigt sich erst, wenn man die Gleichungen in Tupelschreibweise („Matrizengleichung") darstellt:

$$\begin{pmatrix} m & 0 \\ 0 & m \end{pmatrix} \begin{pmatrix} \ddot{x}_1 \\ \ddot{x}_2 \end{pmatrix} + \begin{pmatrix} 2c & -c \\ -c & 2c \end{pmatrix} \begin{pmatrix} x_1 \\ x_2 \end{pmatrix} = \begin{pmatrix} 0 \\ 0 \end{pmatrix}$$

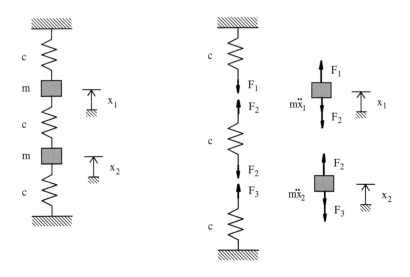

Bild 20.1.

oder in Kurzform

$$\underline{\underline{M}}\underline{\ddot{x}} + \underline{\underline{C}}\underline{x} = \underline{0}.$$

Hierin nennt man

$\underline{\underline{M}}$ die Massenmatrix,

$\underline{\underline{C}}$ die Steifigkeitsmatrix, und

$\underline{x} = \begin{pmatrix} x_1 \\ x_2 \end{pmatrix}$ das Koordinatentupel.

Zur Lösung der Matrizengleichung

$$\underline{\underline{M}}\underline{\ddot{x}} + \underline{\underline{C}}\underline{x} = \underline{0}$$

können wir nun exakt die gleichen Methoden wie für die einzelne Gleichung

$$m\ddot{x} + cx = 0$$

nutzen. Für die Lösung der homogenen Gleichungen wird ein „ e hoch λt–Ansatz" gemacht:

$$\underline{x} = \underline{a}e^{\lambda t}, \qquad \underline{a} = \begin{pmatrix} a_1 \\ a_2 \end{pmatrix}.$$

Hierin ist $\underline{a}$ ein Tupel von Konstanten, die wie das „Lambda" zu bestimmen sind. Einsetzen in die Matrizengleichung liefert

$$\left(\lambda^2 \underline{\underline{M}} + \underline{\underline{C}} \right) \underline{a} e^{\lambda t} = \underline{0} \,.$$

Lösungen ungleich der Nullösung erhalten wir nur, wenn das Gleichungssystem

$$\left(\lambda^2 \underline{\underline{M}} + \underline{\underline{C}} \right) \underline{a} = \underline{0}$$

nichttriviale Lösungen für $\underline{a}$ zuläßt. Das ist aber nur möglich, wenn die Determinate

$$\det \left[\lambda^2 \underline{\underline{M}} + \underline{\underline{C}} \right] = 0$$

gleich Null ist. Diese Gleichung heißt wieder die *charakteristische Gleichung* des Systems. Hier liefert sie

$$\det \left[\lambda^2 \begin{pmatrix} m & 0 \\ 0 & m \end{pmatrix} + \begin{pmatrix} 2c & -c \\ -c & 2c \end{pmatrix} \right] = 0$$

bzw.

$$\det \left[\begin{pmatrix} \lambda^2 m + 2c & -c \\ -c & \lambda^2 m + 2c \end{pmatrix} \right] = 0 \,.$$

Die Determinate ist ein Polynom 4.ten Grades in λ:

$$\left(\lambda^2 m + 2c \right)^2 - c^2 = 0 \,.$$

Nach einfachen Umformungen läßt sich diese biquadratische Gleichung auflösen:

$$0 = \lambda^4 m^2 + 4\lambda^2 cm + 3c^2$$

mit

$$\lambda^2 = -2\frac{c}{m} \pm \sqrt{4\frac{c^2}{m^2} - 3\frac{c^2}{m^2}}$$

$$= -2\frac{c}{m} \pm \frac{c}{m}$$

$$\longrightarrow \lambda_1 = i\sqrt{\frac{c}{m}} \,, \qquad\qquad \lambda_2 = -i\sqrt{\frac{c}{m}}$$

$$\lambda_3 = i\sqrt{3\frac{c}{m}} \,, \qquad\qquad \lambda_4 = -i\sqrt{3\frac{c}{m}}$$

Wir haben damit vier Eigenwerte gefunden, für die eine nichttriviale Lösung des Ansatzes möglich ist.

Anmerkung:

Wenn auch Dämpfung im System wäre, hätten die Bewegungsgleichungen die Struktur

$$\underline{\underline{M}}\ddot{\underline{x}} + \underline{\underline{B}}\dot{\underline{x}} + \underline{\underline{C}}\underline{x} = \underline{0}$$

mit der Dämpfungsmatrix $\underline{\underline{B}}$. Alle hier betrachteten Lösungs-
schritte gelten genauso für das gedämpfte System. Aber die charakteristische Gleichung liefert ein Polynom 4.ten Grades in λ,
das per Hand praktisch nicht mehr lösbar ist. Nur deshalb betrachten wir keine Dämpfung in diesem Kapitel!

Das Gleichungssystem

$$\left(\lambda^2\underline{\underline{M}} + \underline{\underline{C}}\right)\underline{a} = \underline{0}$$

führt für $\lambda_{1,2} = \pm i\sqrt{\frac{c}{m}}$ auf

$$\begin{pmatrix} c & -c \\ -c & c \end{pmatrix}\begin{pmatrix} a_1 \\ a_2 \end{pmatrix}_1 = \begin{pmatrix} 0 \\ 0 \end{pmatrix}$$

$$\longrightarrow \quad \begin{pmatrix} a_1 \\ a_2 \end{pmatrix}_1 = \underline{a}_1 = c_1\begin{pmatrix} 1 \\ 1 \end{pmatrix}$$

und für $\lambda_{3,4} = \pm i\sqrt{3\frac{c}{m}}$ auf

$$\begin{pmatrix} c & c \\ c & c \end{pmatrix}\begin{pmatrix} a_1 \\ a_2 \end{pmatrix}_2 = \begin{pmatrix} 0 \\ 0 \end{pmatrix} \rightarrow \begin{pmatrix} a_1 \\ a_2 \end{pmatrix}_2 = \underline{a}_2 = c_2\begin{pmatrix} 1 \\ -1 \end{pmatrix}.$$

Die Lösungen $\underline{a}_i$ sind die Eigenvektoren dieses Systems. Sie sind nur bis auf
eine multiplikative Konstante c_i bestimmt. Mit diesen Ergebnissen liefert
der Ansatz die Lösung

$$\underline{x} = \underline{a}_1 c_1\left(e^{i\omega_1 t} + e^{-i\omega_1 t}\right) + \underline{a}_2 c_2\left(e^{i\omega_2 t} + e^{-i\omega_2 t}\right)$$

mit

$$\omega_1 = \sqrt{\frac{c}{m}}, \qquad\qquad \omega_2 = \sqrt{3\frac{c}{m}},$$

bzw. mit den Überlegungen aus dem Kapitel 18:

$$\underline{x} = \underline{a}_1\left(A\cos\omega_1 t + B\sin\omega_1 t\right) + \underline{a}_2\left(C\cos\omega_2 t + D\sin\omega_2 t\right)$$

System	1. Hauptschwingung	2. Hauptschwingung

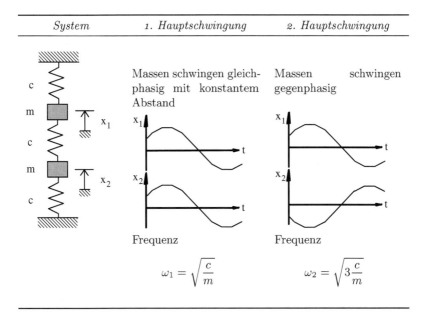

mit

$$\omega_1 = \sqrt{\frac{c}{m}} \quad \text{und} \quad \omega_2 = \sqrt{3\frac{c}{m}} \, .$$

Diese Lösung enthält vier Integrationskonstanten entsprechend den je zwei Anfangsbedingungen für die beiden Massen. Die Lösung zeigt darüber hinaus auf, daß jede durch die Anfangswerte gegebene Schwingung des Systems sich aus zwei harmonischen Schwingungen mit den Kreisfrequenzen ω_1, ω_2, den sogenannten *Hauptschwingungen* zusammensetzt.

Anmerkung:

Hauptschwingungen spielen bei der Analyse von Schwingungssystemen mit mehreren Freiheitsgraden eine wesentliche Rolle. Die Eigenvektoren des Systems können dazu genutzt werden, Koordinaten zu definieren, für die die Matrizendifferentialgleichung nur noch Diagonalmatrizen enthält. Bei dieser Transformation wird der Mehrmassenschwinger mathematisch in mehrere unabhängige Einmassenschwinger zerlegt, die je für sich untersucht werden können. Diese Koordinaten nennt man auch Modalkoordinaten.

Mathematisch ist dieses Vorgehen nichts anderes als die Diagonalisierung symmetrischer Matrizen oder die Hauptachsentransformation wie bei dem Spannungs-, Dehnungs- oder Trägheitstensor!

Etwas schwieriger wird dieses Vorgehen, wenn nichtsymmetrische Dämpfungs- und Steifigkeitsmatrizen in dem System enthalten sind. Dies passiert in der Regel dann, wenn man rotatorisch bewegte Bauteile im System hat.

In dem hier betrachteten Beispiel haben wir die Gewichtskraft vernachlässigt.

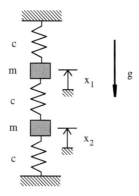

Die Berücksichtigung dieser Kraft führt wie beim Einmassenschwinger zu einer inhomogenen Gleichung:

$$\underline{\underline{M}}\underline{\ddot{x}} + \underline{\underline{C}}\underline{x} = \underline{G} = -mg \begin{pmatrix} 1 \\ 1 \end{pmatrix}.$$

Die Lösung dieses Systems setzt sich aus der Lösung des homogenen Gleichungssystems und einer partikulären Lösung des inhomogenen Systems zusammen. Für die partikuläre Lösung machen wir wieder einen Ansatz vom Typ der rechten Seite:

$$\underline{x}_p = \underline{k}, \qquad \underline{k} = \text{konstant}$$

mit der Lösung

$$\underline{x}_p = \underline{\underline{C}}^{-1}\underline{G} = \frac{1}{3c^2} \begin{pmatrix} 2c & c \\ c & 2c \end{pmatrix} \begin{pmatrix} -mg \\ -mg \end{pmatrix} = -\frac{mg}{c} \begin{pmatrix} 1 \\ 1 \end{pmatrix}.$$

Die Gewichtskraft hat offensichtlich nur Einfluß auf die erste Hauptschwingung und bewirkt eine statische Absenkung der Massen.

20.2 Erzwungene Schwingungen

Erzwungene Schwingungen treten auf, wenn das System mit periodischen Kräften beaufschlagt wird. Wir nehmen an, daß nur die obere Masse eine periodische Kraftanregung erfährt.

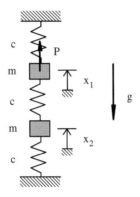

Die resultierenden Bewegungsgleichungen sind mit der Kraft $P = P_0 \cos \Omega t$

$$\underline{\underline{M}} \ddot{\underline{x}} + \underline{\underline{C}} \underline{x} = -mg \begin{pmatrix} 1 \\ 1 \end{pmatrix} + P_0 \cos \Omega t \begin{pmatrix} 1 \\ 0 \end{pmatrix} .$$

Die Lösung ist wieder von der Struktur

$$\underline{x} = \underline{x}_h + \underline{x}_{p1} + \underline{x}_{p2} .$$

Die Lösung der homogenen Gleichung $\underline{x}_h$ wie auch die partikuläre Lösung $\underline{x}_{p1}$ für die Gewichtskraft haben wir schon berechnet. Es verbleibt die partikuläre Lösung $\underline{x}_{p2}$ für die erzwungene Schwingung zu berechnen.

Der Übergang auf die komplexe Darstellung führt auf

$$\underline{\underline{M}} \ddot{\underline{z}} + \underline{\underline{C}} \underline{z} = P_0 e^{i\Omega t} \begin{pmatrix} 1 \\ 0 \end{pmatrix} .$$

Mit einem Ansatz vom Typ der rechten Seite

$$\underline{z} = \underline{p} e^{i\Omega t} \quad \text{mit} \quad Re(\underline{z}) = \underline{x}_{p2}$$

liefern die Bewegungsgleichungen die Beziehung

$$\left(-\Omega^2 \underline{\underline{M}} + \underline{\underline{C}} \right) \underline{p} e^{i\Omega t} = \begin{pmatrix} 1 \\ 0 \end{pmatrix} P_0 e^{i\Omega t} .$$

Hieraus erhält man die Konstante $\underline{p}$:

$$\underline{p} = \left(-\Omega^2 \underline{\underline{M}} + C \right)^{-1} \begin{pmatrix} 1 \\ 0 \end{pmatrix} P_0 \, .$$

Diese Größe ist rein reell, da keine Dämpfung im System ist. Ausführlich ist diese Gleichung

$$\underline{p} = \frac{P_0}{\det \left[-\Omega^2 \underline{\underline{M}} + \underline{\underline{C}} \right]} \begin{pmatrix} -\Omega^2 m + 2c & c \\ c & -\Omega^2 m + 2c \end{pmatrix} \begin{pmatrix} 1 \\ 0 \end{pmatrix}$$

$$= \frac{P_0}{\det \left[-\Omega^2 \underline{\underline{M}} + \underline{\underline{C}} \right]} \begin{pmatrix} -\Omega^2 m + 2c \\ c \end{pmatrix} \, .$$

Die hier im Nenner auftretende Determinante berechnet sich zu

$$\det \left[-\Omega^2 \underline{\underline{M}} + \underline{\underline{C}} \right] = \Omega^4 m^2 - 4\Omega^2 cm + 3c^2$$

und vereinfacht sich mit den Wurzeln der charakteristischen Gleichung bzw. mit den Kreisfrequenzen des Systems zu

$$\det \left[-\Omega^2 \underline{\underline{M}} + \underline{\underline{C}} \right] = m^2 \left(\Omega^2 - \omega_1^2 \right) \left(\Omega^2 - \omega_2^2 \right) \, .$$

Die gesuchte partikuläre Lösung ist

$$\begin{pmatrix} x_1 \\ x_2 \end{pmatrix}_{p2} = \underline{x}_{p2} = Re(\underline{z})$$

$$= \frac{P_0}{m^2 \left(\Omega^2 - \omega_1^2 \right) \left(\Omega^2 - \omega_2^2 \right)} \begin{pmatrix} -\Omega^2 m + 2c \\ c \end{pmatrix} \cos \Omega t \, .$$

Die Amplituden dieser harmonischen Schwingungen sind bei zwei Anregungsfrequenzen unbeschränkt. Dies ist der Ausdruck dafür, daß hier ein Zweimassenschwinger vorliegt. Entsprechend hat ein n–Massenschwinger ohne Dämpfung n Anregungsfrequenzen, bei denen die erzwungene Schwingung linear mit der Zeit anwachsende Amplituden besitzt.

Anmerkung:

Speziell für diese Anregungsfrequenzen kann man hier genauso wie in Kapitel 19.4 einen Ansatz mit zeitabhängiger Amplitude machen, der das lineare Anwachsen der Amplituden bei Anregungen mit den Eigenfrequenzen bzw. den Kreisfrequenzen des Systems zeigt.

Die Amplitudenverläufe der erzwungenen Schwingung des Systems sind nachfolgend dargestellt.

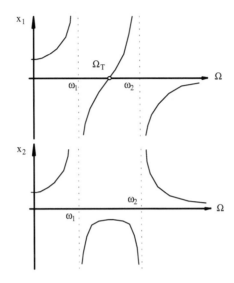

Der obere Amplitudenverlauf beschreibt die Maximalauslenkung der oberen Masse im betrachteten System, an der die Erregerkraft angreift.

Die untere Kurve beschreibt das Amplitudenverhalten der unteren Masse in Abhängigkeit von der Erregerfrequenz.

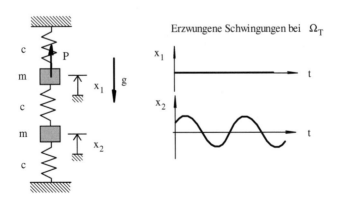

Merkwürdigerweise gibt es eine Anregungsfrequenz $\Omega_T = \sqrt{2\frac{c}{m}}$, bei der die obere Masse sich überhaupt nicht mehr bewegt, obwohl an ihr die periodische Kraft angreift! Es schwingt bei dieser Frequenz nur die untere Masse.

Man nennt diese Frequenz *Tilgerfrequenz*. Die untere Masse tilgt die Schwingungen der oberen Masse bei dieser Frequenz. Technisch hat dieser Vorgang eine wichtige Bedeutung. Wenn Sie eine Vorrichtung haben, die unerwünschter Weise mit einer bestimmten Frequenz schwingt, so gibt es die Möglichkeit, einen *Schwingungstilger* für Ihre Vorrichtung zu bauen. Das ist nichts anderes als ein Einmassenschwinger, dessen Resonanzfrequenz gleich der Schwingungsfrequenz Ihrer Vorrichtung ist, und der auf diese Vorrichtung befestigt wird. Damit wird erreicht, daß nicht mehr Ihre Vorrichtung, sondern nur noch der darauf befestigte Einmassenschwinger schwingt.

Anmerkung:

> Bei dieser Schwingungstilgung wird keine Energie vernichtet, sondern nur sogenannte Schwingungsknoten – Stellen, an denen die Schwingungsamplitude gleich Null ist – verschoben.

Repetitorium VI

In diesem Repetitorium sind exemplarische Fragen und Aufgaben zu den Kapiteln 19 und 20 angegeben. Soweit die Aufgaben Rechnungen enthalten, sind diese als Lösung mit angegeben.
Rechnen Sie die Aufgaben durch.
Üben Sie das Sprechen beim Beantworten der Fragen.

Fragen :

- Was ist eine Schwingung?
- Was ist eine periodische Schwingung?
- Was beschreiben Schwingungsdauer und Frequenz?
- Was ist eine harmonische Schwingung?
- Was sind Kreisfrequenz, Amplitude und Phasenwinkel einer harmonischen Schwingung?
- Was ist eine homogene, was eine inhomogene Differentialgleichung?
- Aus welchen Anteilen setzt man die Lösung einer inhomogenen, linearen Differentialgleichung zusammen? Mit welchen Methoden erhält man die Lösung?
- Von welchem Typ ist die Bewegungsgleichung eines Einmassenschwingers? Wie löst man diese Gleichung? Was beschreiben sie physikalisch?
- Was ist der Einschwingvorgang?
- In welchen Lösungsanteil gehen die Anfangsbedingungen ein?
- Wie beeinflussen die Anfangswerte den eingeschwungenen Zustand?
- Was beschreibt das Dämpfungsmaß? Welche charakteristischen Größen kennen sie für das Dämpfungsmaß?
- Was beschreibt die Vergrößerungsfunktion? Wie sieht die Abhängigkeit der Vergrößerungsfunktion von dem Frequenzverhältnis η für unterschiedliche Dämpfungsmaße aus?
- Wie verhält sich der Phasenwinkel β in Abhängigkeit vom Frequenzverhältnis η für unterschiedliche Dämpfungsmaße?
- Mit welcher Frequenz schwingt ein zwangserregter Einmassenschwinger im eingeschwungenen Zustand? Skizzieren Sie die Schwingung.
- Von welchem Typ sind die Bewegungsgleichungen eines Zweimassenschwingers?

- Wieviel Eigenkreisfrequenzen hat ein Zweimassenschwinger?
- Was sind Hauptschwingungen?
- Was ist der Tilgereffekt? Nennen Sie Beispiele, wie man diesen Effekt nutzen kann.

Aufgaben:

Aufgabe VI.1

Das geschwindigkeitsproportional gedämpfte Feder-Masse-System schwingt um die horizontale Achse in A und wird an der Feder ① mit $u(t) = u_0 \cos \Omega t$ zwangserregt. Man bestimme

a) die Bewegungsgleichung des Systems,
b) die Eigenfrequenz ω des ungedämpften Systems,
c) die Eigenfrequenz ω_d des gedämpften Systems,
d) die Schwingungsdauer T_d des gedämpften Systems.

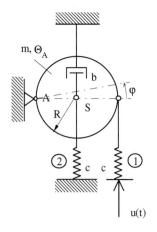

Gegeben: b, c, R, m, Θ_A, $u(t) = u_0 \cos \Omega t$

Lösung VI.1

a) Momentengleichgewicht um A liefert nach dem Prinzip von d'Alembert

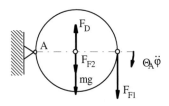

$$\Theta_A \ddot{\varphi} = -Rmg - RF_{F2} + RF_D - 2RF_{F1}$$

Mit den Kraftgesetzen

$$F_D = -bR\dot{\varphi} \,,$$
$$F_{F1} = c\,(2R\varphi - u(t)) \,, \qquad\qquad F_{F2} = cR\varphi$$

lautet die Bewegungsgleichung

$$\ddot{\varphi} + \frac{R^2 b}{\Theta_A}\dot{\varphi} + \frac{5R^2 c}{\Theta_A}\varphi = -\frac{Rmg}{\Theta_A} + \frac{2Rcu_0}{\Theta_A}\cos\Omega t \,.$$

b) Aus der Bewegungsgleichung liest man die Eigenfrequenz des ungedämpften Systems ab:

$$\omega = R\sqrt{\frac{5c}{\Theta_A}} \,.$$

c) Die Eigenfrequenz des gedämpften Systems berechnet sich mit

$$2D\omega = \frac{R^2 b}{\Theta_A}$$

zu

$$\omega_d = \omega\sqrt{1 - D^2} = R\sqrt{\frac{5c}{\Theta_A}}\sqrt{1 - \frac{b^2 R^2}{20\Theta_A c}} \,.$$

d) Für die Schwingungsdauer des gedämpften Systems ergibt sich

$$T_d = \frac{2\pi}{\omega_d} = \frac{2\pi}{R\sqrt{\dfrac{5c}{\Theta_A} - \dfrac{b^2 R^2}{4\Theta_A^2}}} \,.$$

Aufgabe VI.2

Für das skizzierte System, bestehend aus zwei Walzen, die mit Federn verbunden sind, bestimme man

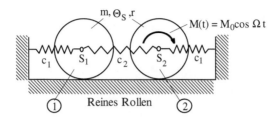

Bild 20.2.

a) die Eigenkreisfrequenzen,

b) die Hauptschwingungen und

c) die Anregungsfrequenzen Ω, bei denen die Rolle ① bzw. die Rolle ② in Ruhe bleibt. Die Federn sind in der skizzierten Lage entspannt.

Gegeben: c_1, c_2, m, r, Θ_S, $M(t) = M_0 \cos \Omega t$

Lösung VI.2

a) Das System hat zwei Freiheitsgrade. Freischneiden nach dem Prinzip von d'Alembert liefert:

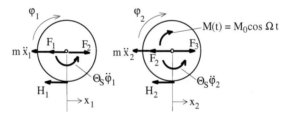

Kraftgleichgewicht und Momentengleichgewicht um $S_{1,2}$ liefert

$$\Theta\ddot{\varphi}_1 = rH_1 , \qquad \Theta\ddot{\varphi}_2 = rH_2 + M ,$$
$$m\ddot{x}_1 = -F_1 + F_2 - H_1 , \qquad m\ddot{x}_2 = -F_2 + F_3 - H_2 .$$

Die Rollbedingungen liefern hier die kinematischen Beziehungen

$$x_1 = r\varphi_1 \quad \Rightarrow \qquad \ddot{x}_1 = r\ddot{\varphi}_1 ,$$
$$x_2 = r\varphi_2 \quad \Rightarrow \qquad \ddot{x}_2 = r\ddot{\varphi}_2 .$$

Für die Federkräfte gilt

$$F_1 = c_1 x_1 , \qquad F_2 = c_2 (x_2 - x_1) , \qquad F_3 = -c_1 x_2 .$$

Einsetzen und Elimination der Haftkräfte liefert mit $\Theta_S = \frac{1}{2}mr^2$ die Bewegungsgleichungen in Matixschreibweise

$$\begin{pmatrix} \frac{3}{2}m & 0 \\ 0 & \frac{3}{2}m \end{pmatrix} \begin{pmatrix} \ddot{x}_1 \\ \ddot{x}_2 \end{pmatrix} + \begin{pmatrix} c_1 + c_2 & -c_2 \\ -c_2 & c_1 + c_2 \end{pmatrix} \begin{pmatrix} x_1 \\ x_2 \end{pmatrix}$$

$$= \begin{pmatrix} 0 \\ \frac{M_0}{r}\cos \Omega t \end{pmatrix}.$$

Die Eigenkeisfrequenzen bestimmen sich durch Lösen des homogenen Differentialgleichungssystem. Mit dem $e^{\lambda t}$-Ansatz

$$\begin{pmatrix} x_1 \\ x_2 \end{pmatrix} = e^{\lambda t} \begin{pmatrix} A \\ B \end{pmatrix}$$

erhält man das lineare Gleichungssystem

$$\left[\begin{pmatrix} \frac{3}{2}m & 0 \\ 0 & \frac{3}{2}m \end{pmatrix} \lambda^2 + \begin{pmatrix} c_1 + c_2 & -c_2 \\ -c_2 & c_1 + c_2 \end{pmatrix} \right] \begin{pmatrix} A \\ B \end{pmatrix} = \begin{pmatrix} 0 \\ 0 \end{pmatrix}.$$

Nichttriviale Lösungen sind nur möglich für

$$\det \begin{bmatrix} \frac{3}{2}m\lambda^2 + c_1 + c_2 & -c_2 \\ -c_2 & \frac{3}{2}m\lambda^2 + c_1 + c_2 \end{bmatrix} = 0.$$

Die charakteristische Gleichung lautet

$$\left(\frac{3}{2}m\ell^2 + c_1 + c_2 \right)^2 - c_2^2 = 0.$$

Somit berechnen sich die Eigenfrequenzen des Systems zu

$$\omega_1^2 = -\lambda_1^2 = \frac{2}{3}\frac{c_1}{m} \qquad \Rightarrow \qquad \omega_1 = \sqrt{\frac{2}{3}\frac{c_1}{m}},$$

$$\omega_2^2 = -\lambda_2^2 = \frac{2}{3}\frac{c_1 + 2c_2}{m} \qquad \Rightarrow \qquad \omega_2 = \sqrt{\frac{2}{3}\frac{c_1 + 2c_2}{m}}.$$

b) Die Hauptschwingungen berechnen sich als die Eigenvektoren zu den Eigenwerten $\lambda_{1,2}^2$. Für

$$\lambda_1^2 = -\frac{2}{3}\frac{c_1}{m}$$

löst man

$$\begin{pmatrix} c_2 & -c_2 \\ -c_2 & c_2 \end{pmatrix} \begin{pmatrix} A_1 \\ B_1 \end{pmatrix} = \begin{pmatrix} 0 \\ 0 \end{pmatrix}$$

und erhält als erste Hauptschwingung

$$\begin{pmatrix} A_1 \\ B_1 \end{pmatrix} = konst_1 \begin{pmatrix} 1 \\ 1 \end{pmatrix}.$$

Für

$$\lambda_2^2 = -\frac{2}{3}\frac{c_1 + 2c_2}{m}$$

löst man

$$\begin{pmatrix} -c_2 & -c_2 \\ -c_2 & -c_2 \end{pmatrix} \begin{pmatrix} A_2 \\ B_2 \end{pmatrix} = \begin{pmatrix} 0 \\ 0 \end{pmatrix}$$

und erhält als zweite Hauptschwingung

$$\begin{pmatrix} A_2 \\ B_2 \end{pmatrix} = konst_2 \begin{pmatrix} 1 \\ -1 \end{pmatrix} .$$

Jede freie Schwingung des Systems läßt sich als Linearkombination der beiden Hauptschwingungen darstellen.

c) Die Tilgerfrequenz, bei der die zweite Rolle stehen bleibt, berechnet man als Nullstelle der Vergrößerungsfunktion zu

$$\Omega_T = \frac{1}{2} \left(\omega_1^2 + \omega_2^2 \right) .$$

Bei der Rolle 1 ist formal der Schwingungsausschlag gleich Null, wenn die Anregungsfrequenz gegen Unendlich geht. Dies ist technisch nicht realisierbar. Man spricht hier nicht von einem Tilgereffekt.

21 Der Stoß

Wie die Schwingungen ist der Stoß eine ausgezeichnete Bewegungsform in mechanischen Systemen. Der physikalische Stoßvorgang ist bis heute nicht befriedigend verstanden. Die durch Plausibilitätsbetrachtungen eingeführten Vereinfachungen – diese gehen zurück auf Huygens 1656! – liefern für technische Anwendungen hinreichend gute Näherungen.

21.1 Grundlagen

Wenn im Laufe der Bewegung eines Systems plötzlich Geschwindigkeitsänderungen durch die Berührung zweier Körper stattfinden, dann spricht man von einem Stoß der Körper. Diese Änderung des Bewegungszustandes der Körper wird durch Kräfte verursacht, die während der kurzen Zeit Δt des Stoßes zwischen den Körpern ausgetauscht werden. Diese Stoßkräfte sind sehr groß, andernfalls würden sie keine Geschwindigkeitsänderungen im Zeitintervall Δt verursachen.

Wir betrachten ein System, das aus zwei Körpern besteht. Körper 1 und Körper 2 kurz *vor* dem Stoß. Die den Körper $i(=1,2)$ beschreibenden Größen vor dem Stoß (Index v) sind die Geschwindigkeit $\mathbf{v}_{vi}$ die Winkelgeschwindigkeit $\boldsymbol{\omega}_{vi}$, der Ortsvektor $\mathbf{r}_{vi}$ und je drei Winkelkoordinaten $\{a, b, g\}_{vi}$.

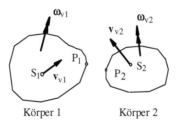

Körper 1   Körper 2

Der Stoß beginnt, wenn sich die Körper in einem Punkt berühren. Es werden innere Kräfte $\mathbf{F}^S$ zwischen den Körpern aufgebaut, die eine Durchdringung der Körper verhindern.

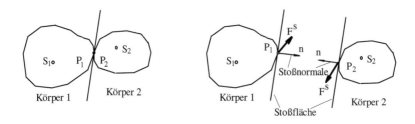

Der erste Berührpunkt definiert eine Tangentialebene zwischen den beiden Körpern, die Stoßfläche genannt wird. Die Flächennormale wird auch *Stoßnormale* genannt. Während des Stoßes werden Deformationen an den Körpern auftreten. Der Berührpunkt wird sich zu einer Fläche aufweiten.

Nach der Zeit Δt ist der Stoßvorgang beendet. Körper 1 und Körper 2 kurz *nach* dem Stoß. Die den Körper i ($= 1,2$) beschreibenden Größen nach dem Stoß (Index n) sind die Geschwindigkeit $\mathbf{v}_{ni}$ die Winkelgeschwindigkeit $\boldsymbol{\omega}_{ni}$ der Ortsvektor $\mathbf{r}_{ni}$ und je drei Winkelkoordinaten $\{\alpha, \beta, \gamma\}_{ni}$.

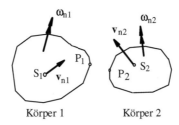

Der Stoßvorgang selbst ist bis heute nur unzureichend analysiert. Für technische Anwendungen ist man insbesondere daran interessiert, aus den 24 skalaren Größen $\mathbf{v}_{vi}$, $\boldsymbol{\omega}_{vi}$, $\mathbf{r}_{vi}$ und $\{\alpha, \beta, \gamma\}_{vi}$ der Körper vor dem Stoß die 24 skalaren Größen $\mathbf{v}_{ni}$, $\boldsymbol{\omega}_{ni}$, $\mathbf{r}_{ni}$ und $\{\alpha, \beta, \gamma\}_{ni}$ nach dem Stoß zu berechnen.

Die technische Stoßlehre idealisiert das Stoßgeschehen, um die Anzahl der Unbekannten zu reduzieren. Sie betrachtet den Grenzwert $\Delta t \to 0$, nimmt also an, daß die Stoßzeit gegen Null geht. Dies hat zwei wesentliche Konsequenzen zur Folge:

- Die Lage- und Winkelkoordinaten können sich in einem Zeitintervall $\Delta t \to 0$ grundsätzlich nicht ändern. Damit sind Stoßfläche und Stoßnormale fest für den Stoßvorgang. Die Anzahl der Unbekannten reduziert sich damit um die Hälfte. Gesucht werden nur noch die Größen $\mathbf{v}_{ni}$, $\boldsymbol{\omega}_{ni}$ für $i = 1,2$.

- Eine Änderung der Geschwindigkeits- und Winkelgeschwindigkeitskomponenten ist nur möglich, wenn für die Stoßkräfte $\mathbf{F}^s$

$$\lim_{\Delta t \to 0} \int_{t_0}^{t_0+\Delta t} \mathbf{F}^S \, dt = \hat{\mathbf{F}}$$

gilt. Da alle anderen Kräfte $\mathbf{F}$ im System – anders als $\mathbf{F}^s$ – endlich sind, gilt für sie

$$\lim_{\Delta t \to 0} \int_{t_0}^{t_0+\Delta t} \mathbf{F} \, dt = \mathbf{0} \,.$$

Für den Impulssatz wie für den Drallsatz sind nur die äußeren Kräfte bzw. Momente wesentlich, da sich die inneren Kräfte, also auch die Stoßkräfte, wegheben. Für den Gesamtimpuls $\mathbf{P}$ und den Gesamtdrall $\mathbf{L}$ für das System – bezogen zum Beispiel auf den Urprungspunkt des Inertialsystems – gilt

$$\Delta \mathbf{P} = \mathbf{P}_{t_0+\Delta t} - \mathbf{P}_{t_0} \qquad = \int_{t_0}^{t_0+\Delta t} \mathbf{F} dt \xrightarrow{\Delta t \to 0} \Delta \mathbf{P} = 0,$$

$$\Delta \mathbf{L} = \mathbf{L}_{t_0+\Delta t} - \mathbf{L}_{t_0} \qquad = \int_{t_0}^{t_0+\Delta t} \mathbf{r} \times \mathbf{F} \, dt \xrightarrow{\Delta t \to 0} \Delta \mathbf{L} = 0 \,.$$

In der technischen Stoßlehre unterscheidet man verschiedene Stoßarten, die in Abbildung 21.1 dargestellt sind.

Im folgenden Kapitel betrachten wir den geraden zentrischen Stoß. Nach der Tabelle liegen bei dieser Stoßart die Geschwindigkeiten v_{v1} und v_{v2} auf der Stoßnormalen und ebenso auch die Schwerpunkte beider Körper.

Die nachfolgende Anmerkung mag einen Überblick über die Lösungsstrategien der technischen Stoßlehre geben.

Anmerkung:

(Allgemeine Lösung der technischen Stoßlehre) Für die Impuls- bzw. Drehimpulsänderungen von Körper 1 und Körper 2 gilt

$$\Delta \mathbf{P}_1 = \Delta \mathbf{P}_2 \quad \text{und} \quad \Delta \mathbf{L}_1 = \Delta \mathbf{L}_2 \,,$$

ausführlich ist das

$$m_1 v_{n1} - m_1 v_{v1} = m_2 v_{n2} - m_2 v_{v2} \,,$$

Tabelle 21.1. Verschiedene Stoßarten

Bild	Name	Kriterium	Beschreibung
	zentrisch	Stoßnormale	Die Stoßnormale **n** geht durch die Schwerpunkte S beider Körper
	exzentrisch		Die Stoßnormale **n** geht nicht durch die Schwerpunkte S beider Körper
	gerade	Geschwindigkeit	Die Geschwindigkeiten beider Körper im Stoßpunkt P liegen auf der Stoßnormalen
	schief		Die Geschwindigkeiten beider Körper im Stoßpunkt P liegen nicht auf der Stoßnormalen
	glatt	Stoßkraft	Die Stoßkraft $\mathbf{F}^s$ liegt auf der Stoßnormalen
	rauh		Die Stoßkraft $\mathbf{F}^s$ liegt nicht auf der Stoßnormalen
	elastisch	Energie	Die kinetische Energie bleibt beim Stoß erhalten
	plastisch		Normalgeschwindigkeit beider Körper in P nach dem Stoß gleich.

$$\Theta_1 \omega_{n1} - \Theta_1 \omega_{v1} = \Theta_2 \omega_{n2} - \Theta_2 \omega_{v2} - (Q_2 \cdot w_{n2} - Q_2 \cdot w_{v2}) \,.$$

Diese Impulsänderungen werden durch die Stoßkraft F^s bewirkt. Man kann die Gleichungen auch schreiben als

$$\Delta \mathbf{P}_1 = \lim_{\Delta t \to 0} \int_{t_0}^{t_0 + \Delta t} \mathbf{F}^s \, dt = \hat{\mathbf{F}}$$

$$\Delta \mathbf{P}_2 = -\hat{\mathbf{F}}$$

bzw.

$$\Delta \mathbf{L}_1 = \lim_{\Delta t \to 0} \int_{t_0}^{t_0 + \Delta t} \mathbf{r}_p \times \mathbf{F}^s \, dt = \mathbf{r}_p \times \hat{\mathbf{F}}$$

$$\Delta \mathbf{L}_2 = -\mathbf{r}_p \times \hat{\mathbf{F}}$$

Hierin ist der Vektor $\mathbf{r}_p$ der Vektor zum Stoßpunkt zwischen beiden Körpern. Dieser Vektor ändert sich nicht im Zeitintervall $\Delta t \to 0$, und kann daher vor das Integral gezogen werden.

Dies sind 4 Vektorgleichungen, also 12 Gleichungen, für die 12 Unbekannten $\mathbf{v}_{ni}, \omega_{ni}$ mit $i = 1,2$ sowie 3 Unbekannte für die Stoßimpulsgröße $\hat{\mathbf{F}}$. Für die meisten technischen Anwendungen gelingt es, durch die kinematischen Beziehungen zwischen den Körpern die Richtung des Stoßimpulses $\hat{\mathbf{F}}$ zu ermitteln. Für die fehlende Größe, das ist der Betrag des Stoßimpulses, führt man eine sogenannte Stoßhypothese ein, die eine Aussage über den Energieverlust beim Stoß oder äquivalent dazu eine Aussage zum Verhältnis der Relativgeschwindigkeit der Körper vor und nach dem Stoß macht.

21.2 Der gerade zentrische Stoß

Gegeben seien zwei Massen, die sich entlang einer Geraden aufeinander zubewegen.

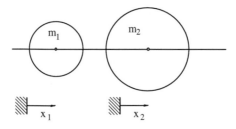

Zum Zeitpunkt $t = t_0$ stoßen die Kugeln mit den Geschwindigkeiten

$$m_1 : v_{v1} \quad (= \dot{x}_1 \quad \text{bei} \quad t = t_0),$$
$$m_2 : v_{v2} \quad (= \dot{x}_2 \quad \text{bei} \quad t = t_0)$$

aneinander. Der Stoß ist bei $t_1 = t_0 + \Delta t$ zu Ende. Die Geschwindigkeiten der beiden Massen sind dann

$$m_1 : v_{n1} \quad (= \dot{x}_1 \quad \text{bei} \quad t_1 = t_0 + \Delta t),$$
$$m_2 : v_{n2} \quad (= \dot{x}_2 \quad \text{bei} \quad t_1 = t_0 + \Delta t).$$

Nach dem Impulssatz gilt für die Geschwindigkeiten nach dem Stoß:

$$m_1 v_{n1} - m_1 v_{v1} = \lim_{\Delta t \to 0} \int_{t_0}^{t_0 + \Delta t} F^s \, \mathrm{d}t = \hat{F},$$

$$m_2 v_{n2} - m_2 v_{v2} = \lim_{\Delta t \to 0} \int_{t_0}^{t_0 + \Delta t} -F^s \, \mathrm{d}t = -\hat{F},$$

worin F^s die Stoßkraft im Zeitintervall Δt ist. Dies sind zwei Gleichungen für drei Unbekannte, die Stoßkraft, sowie die Geschwindigkeiten nach dem Stoß.

Bei dem realen Stoßgeschehen werden sich die Massen zunächst nähern, bis sie sich berühren. Dann bauen sich Stoßkräfte auf, die der Durchdringung der Körper entgegenwirken. Zu einem bestimmten Zeitpunkt t_m während des Stoßgeschehens wird der Abstand beider Körper ein Minimum haben. Dann hat die Relativgeschwindigkeit zwischen beiden Körpern den Wert Null. Diese Stoßphase wird auch *Kompressionsphase* genannt, da bis zu diesem Zeitpunkt die Massen zusammengepreßt werden. Danach beginnt die sogenannte *Restitutionsphase*, bei der die Stoßkräfte die Körper wieder auseinanderdrücken und die aufgetretenen Deformationen möglichst rückgängig

Tabelle 21.2. Stoßzahl e für ausgewählte Stoßpartner

Stoßpartner	Stoßzahl e
Elfenbein – Elfenbein:	$e = 0{,}9$
Tischtennisball – Platte:	$e = 0{,}8$
Tennisball – Ascheplatz:	$e = 0{,}7$
Stahl – Stahl:	$e = 0{,}6$
Blei – Stahl:	$e = 0{,}1$
Knetgummi – Stahl:	$e = 0{,}0$

machen wollen. Man kann den Stoßimpuls entsprechend aufteilen:

$$\hat{F} = \lim_{\Delta t \to 0} \int_{t_0}^{t_0+\Delta t} F^S \, dt = \lim_{\Delta t \to 0} \left\{ \int_{t_0}^{t_m} F^S \, dt + \int_{t_m}^{t_0+\Delta t} F^S \, dt \right\} = \hat{F}^K + \hat{F}^R \, .$$

Aus der Erfahrung weiß man, daß diese Restitutionsphase sehr unterschiedlich stark ausgeprägt sein kann. Werden alle auftretenden Deformationen in der Restitutionsphase wieder rückgängig gemacht – man sagt dann, der Stoß ist (ideal) *elastisch* ,so ist

$$\hat{F}^R = \hat{F}^K \, .$$

Bei manchen Stoßvorgängen ist überhaupt keine Restitutionsphase vorhanden. Hier gilt offensichtlich

$$\hat{F}^R = 0 \, .$$

Man nennt solch einen Stoß (ideal) plastisch. Mit der sogenannten *Stoßzahl* e lassen sich diese Fälle beschreiben durch

$$\hat{F}^R = e\hat{F}^K \begin{cases} e & \in [0{,}1] \\ e & = 1 \ : \ \text{elastischer Stoß} \\ e & = 0 \ : \ \text{plastischer Stoß} \end{cases}$$

Anmerkung:

Die Stoßzahl e ist eine Materialeigenschaft. Sie ist in Tabellenwerken für unterschiedliche Materialpaarungen aufgelistet. Eine Auswahl ist in Tabelle 21.2 aufgeführt.

Nach der Kompressionsphase haben beide Massen dieselbe Geschwindigkeit v_m. Die Impulsgleichungen können nun aufgeteilt werden in den Kompressions- und Restitutionsteil und liefern

$$m_1 v_m - m_1 v_{v1} = \hat{F}^K$$
$$m_1 v_{n1} - m_1 v_m = \hat{F}^R = e\hat{F}^K$$
$$m_2 v_m - m_2 v_{v2} = -\hat{F}^K$$
$$m_2 v_{n2} - m_2 v_m = -\hat{F}^R = -e\hat{F}^K$$

Dies sind vier Gleichungen für vier Unbekannte. Man kann sie zum Beispiel auflösen nach den gesuchten Geschwindigkeiten nach dem Stoß:

$$v_{n1} = \frac{v_{v1}(m_1 - em_2) + v_{v2}(1+e)m_2}{m_1 + m_2},$$
$$v_{n2} = \frac{v_{v2}(m_2 - em_1) + v_{v1}(1+e)m_1}{m_1 + m_2}.$$

Dies ist die allgemeine Lösung der Stoßaufgabe für den geraden, zentrischen Fall.

Beispiel 21.1

Gegeben seien zwei Kugeln mit der Masse m_1 und $m_2 = m_1 = m$. Die Kugel 1 stoße gegen die ruhende Kugel 2. Mit welcher Geschwindigkeit bewegen sich die Kugeln nach dem Stoß und wie groß ist der Energieverlust beim Stoß?

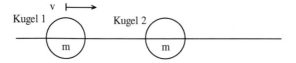

Lösung:

Mit

$$v_{v1} = v, \qquad\qquad v_{v2} = 0,$$
$$m_1 = m_2 = m$$

erhält man aus der obigen Formel

$$v_{n1} = \frac{1}{2}v(1-e)$$

$$v_{n2} = \frac{1}{2}v(1+e)$$

und für die Differenz der kinetischen Energie nach dem Stoß minus der kinetischen Energie vor dem Stoß errechnet man

$$\Delta E_{\text{kin}} = \frac{1}{2}m\left(\frac{1}{4}v^2(1-e)^2 + \frac{1}{4}v^2(1+e)^2\right) - \frac{1}{2}mv^2$$

$$= -\frac{1}{4}\left(1 - e^2\right)mv^2.$$

Für die Stoßzahl $e = 1$ ist der Energieverlust gleich Null, und die Kugeln tauschen nur ihre Geschwindigkeiten aus: Nach dem Stoß bleibt die Kugel 1 liegen und Kugel 2 hat die Geschwindigkeit v.

Ein Sonderfall ist gegeben, wenn die Kugel 1 gegen eine starre Wand stößt. Die Wand läßt sich dabei als zweite Kugel mit einer unendlich großen Masse und der Geschwindigkeit Null auffassen. Führt man in den obigen Formeln für den zentralen, geraden Stoß diesen Grenzübergang durch, indem man zunächst Zähler wie Nenner durch m_2 dividiert und dann m_2 gegen unendlich gehen läßt,

$$v_{n1} = \lim_{\substack{m_2 \to \infty \\ v_{v2} \to 0}} \frac{v_{v1}\left(\dfrac{m_1}{m_2} - e\right) + v_{v2}(1+e)}{\dfrac{m_1}{m_2} + 1} = -ev_{v1} \longrightarrow v_n = -ev_v,$$

so erhält man eine sehr einfache Formel für die Geschwindigkeit der Kugel. Diese nutzt man üblicherweise, um die Stoßzahl e zu bestimmen.

Beispiel 21.2

Ein Gummiball wird aus einer Höhe von 1 m mit der Anfangsgeschwindigkeit Null auf einen glatten Boden fallen gelassen. Der Ball springt nach dem Stoß auf eine neue Höhe von 60 cm. Wie groß ist die Stoßzahl?

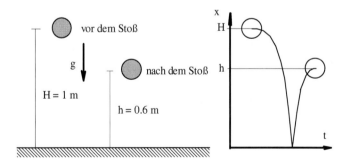

Lösung:

Vor dem Stoß hat die Kugel die Energie

$$E_{\text{pot},1} = mgH$$

und nach dem Stoß

$$E_{\text{pot},2} = mgh \,.$$

Die Differenz ist bei dem Stoß verloren gegangen:

$$E_{\text{pot},2} = E_{\text{pot},1} - \frac{1}{2}m(1 - e^2)v^2 \,.$$

Hierin ist v die Geschwindigkeit der Kugel unmittelbar vor dem Stoß:

$$E_{\text{kin,vor Stoß}} = \frac{1}{2}mv^2 = mgH = E_{\text{pot},1} \,.$$

Damit hat man schließlich

$$E_{\text{pot},2} = E_{\text{pot},1} + (e^2 - 1)E_{\text{pot},1}$$

bzw.

$$e = \sqrt{\frac{E_{\text{pot},2}}{E_{\text{pot},1}}} = \sqrt{\frac{h}{H}} = \sqrt{\frac{0{,}6}{1}} \approx 0{,}77 \,.$$

Anmerkung:

Welche Stoßzahlen machen physikalisch Sinn? Vom Materialverhalten her ist die Materialkenngröße e nur im Intervall von o bis 1 definiert.

Bei konkreten technischen Problemen tauchen aber auch ganz andere Werte für e auf.

Wenn $e > 1$ ist, gewinnt das System an Energie, denn die Energiedifferenz im letzten Beispiel wird positiv. Dieser Fall liegt zum Beispiel bei Flipperautomaten vor, die durch spezielle Vorrichtungen der stoßenden Kugel einen zusätzlichen Stoßimpuls mitgeben.

Auch Stoßzahlen kleiner als Null sind sinnvoll. Sie beschreiben das Durchschlagen der Wand.

Repetitorium VII

In diesem Repetitorium sind exemplarische Fragen und eine Aufgabe zu dem Kapitel 21 angegeben. Soweit die Aufgaben Rechnungen enthalten, sind diese als Lösung mit angegeben.
Rechnen Sie die Aufgaben durch.
Üben Sie das Sprechen beim Beantworten der Fragen.

Fragen :

- Was ist ein Stoß?
- Wie idealisiert die technische Stoßlehre den Stoßvorgang? Warum?
- Was ist die Stoßnormale?
- Wann nennt man einen Stoß

    - zentrisch,
    - exzentrisch,
    - gerade,
    - schief?

- Was beschreibt die Stoßzahl e? Welchen Wert kann sie annehmen?
- Was ist die Kompressionsphase, was die Restitutionsphase?
- Wann gilt der Impulserhaltungssatz, wann der Energieerhaltungssatz?

Aufgaben:

Aufgabe VII.1

Der Fahrer des Fahrzeuges 1 (Masse m_1, Geschwindigkeit v_0) bemerkt das stehende Fahrzeug 2 (Masse m_2) und beginnt im Abstand ℓ mit einer Vollbremsung (blockierte Räder, Reibkoeffizient μ = Haftkoeffizient μ_H). Wie sieht das Verhalten der beiden Fahrzeuge nach dem Stoß für die folgenden Fälle aus, wenn auch das Fahrzeug 2 mit blockierten Rädern rutscht?

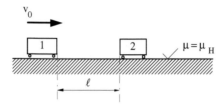

a) Idealelastischer Stoß ($e = 1$),

b) Idealplastischer Stoß ($e = 0$),

c) Stoßzahl $e = 1/\sqrt{2}$.

Gegeben: $m_1 = m_2$, v_0, e, $\mu = \mu_H$

Lösung VII.1

Der Arbeitssatz liefert die Geschwindigkeit v_{v1} des Fahrzeugs 1 direkt vor dem Stoß:

$$E_{\text{kin},1} - E_{\text{kin},0} = \int\limits_0^\ell -R\,dx\,,$$

$$\frac{1}{2}m_1 v_{v1}^2 - \frac{1}{2}m_1 v_0^2 = -\mu m_1 g\ell\,,$$

$$v_{v1} = \sqrt{v_0^2 - 2\mu g\ell}\,.$$

Für die Geschwindigkeit des Fahrzeugs 2 vor dem Stoß gilt $v_{v2} = 0$. Allgemein lauten die Impulsgleichungen

$$m_1 v_m - m_1 v_{v1} = \hat{F}^k\,,$$

$$m_1 v_{n1} - m_1 v_m = e\hat{F}^k\,,$$

$$m_2 v_m - m_2 v_{v2} = -\hat{F}^k\,,$$

$$m_2 v_{n2} - m_2 v_m = -e\hat{F}^k\,.$$

Daraus erhält man die folgenden Formeln für die Geschwindigkeiten nach dem Stoß

$$v_{n1} = \frac{(m_1 - em_2)\,v_{v1} + (1+e)\,m_2 v_{v2}}{m_1 + m_2}\,,$$

$$v_{n2} = \frac{(m_2 - em_1)\,v_{v2} + (1+e)\,m_1 v_{v1}}{m_1 + m_2}\,.$$

a) Für den idealelastischen Stoß ($e = 1$) folgt dann

$$v_{n1} = 0 \quad , \qquad\qquad v_{n2} = v_{v1}\,.$$

Es geht also keine Energie verloren.

b) Für den idealplastischen Stoß $(e = 0)$ folgt dann

$$v_{n1} = v_{n2} = \frac{1}{2}v_{v1}\,.$$

Der Energieverlust ist hierbei

$$\Delta E = E_{\mathrm{kin},vor} - E_{\mathrm{kin},nach} = \frac{1}{4}m_1 v_{v1}^2\,.$$

c) Für den Stoß mit der Stoßzahl $e = \frac{1}{\sqrt{2}}$ ergibt sich

$$v_{n1} = \frac{1}{2}\left(1 - \frac{1}{\sqrt{2}}\right) v_{v1} \approx 0{,}15 v_{v1}\,,$$
$$v_{n2} = \frac{1}{2}\left(1 + \frac{1}{\sqrt{2}}\right) v_{v1} \approx 0{,}85 v_{v1}\,.$$

Anhang

Tabellenverzeichnis

Literaturverzeichnis

[1] Bronstein, Ilja N., Konstantin A. Semendjajew und Gerhard Musiol: *Taschenbuch der Mathematik*. Harri Deutsch Verlag, Frankfurt am Main, 5. Auflage, 2000, ISBN 3-81712-005-2.

[2] Ostermeyer, Georg-Peter: *Mechanik I*, Band 1 der Reihe *Braunschweiger Schriften zum Maschinenbau*. Fachbereich Maschinenbau der TU Braunschweig, Braunschweig, 1. Auflage, 2001.

Stichwortverzeichnis

Stichwortverzeichnis

In dieser Reihe sind folgende Titel erschienen:

Stand: März 2007

Folgende Titel sind in Vorbereitung:

Eine aktuelle Liste aller erschienenen Titel finden Sie unter
http://www.fmb.tu-bs.de/schriften/.